大跨度
举高喷射消防车技战术应用

谢志霞 陈智慧 张竟 等 编著

DAKUADU
JUGAO
PENSHE
XIAOFANGCHE
JIZHANSHU
YINGYONG

化学工业出版社
·北京·

内容简介

本书以大跨度举高喷射消防车为研究对象，分析车辆性能，研究其作战展开方式，以及在灭火救援中的技战术应用方法。分别从石油库火灾、液化石油气储罐火灾、化工装置事故、厂房仓库火灾、高层建筑火灾和堆垛火灾等典型场景，分析灭火救援战术需求和作战难点，研究大跨度举高喷射消防车的技战术应用和战斗编成方法，并针对典型战例进行复盘和应用示例。本书的最大特色是从灭火救援实际出发研究大跨度举高喷射消防车的应用，结合实际火灾案例进行阐述和说明，贴合了灭火救援工作实际情况。

本书内容简洁，案例典型，通俗易懂，可供消防救援人员、应急救援人员、学校师生以及从事灭火与应急救援工作的有关人员参考，对提升消防人员火灾扑救能力有一定的借鉴和帮助。

图书在版编目（CIP）数据

大跨度举高喷射消防车技战术应用/谢志霞等编著. —北京：化学工业出版社，2023.6（2024.11重印）

ISBN 978-7-122-43046-5

Ⅰ.①大… Ⅱ.①谢… Ⅲ.①消防汽车-灭火-研究 Ⅳ.①TU998.1

中国国家版本馆CIP数据核字（2023）第038093号

责任编辑：窦　臻　林　媛　　文字编辑：蔡晓雅
责任校对：李　爽　　装帧设计：史利平

出版发行：化学工业出版社（北京市东城区青年湖南街13号　邮政编码100011）
印　　装：涿州市般润文化传播有限公司
710mm×1000mm　1/16　印张17　字数259千字　2024年11月北京第1版第2次印刷

购书咨询：010-64518888　　售后服务：010-64518899
网　　址：http://www.cip.com.cn
凡购买本书，如有缺损质量问题，本社销售中心负责调换。

定　　价：98.00元

前言

科学技术的发展带动了消防装备的快速更新和升级，全新的消防装备又为灭火救援工作提供了新的技战术方法。在灭火救援工作中充分应用全新的技战术方法，发挥消防救援装备的效能，可大大提高灭火救援效率。

本书首先深入分析了大跨度举高喷射消防车的性能和战斗展开模式，然后针对石油库火灾、液化石油气储罐火灾、化工装置事故、厂房仓库火灾、高层建筑火灾和堆垛火灾等典型灭火救援场景，分析处置难点和战术需求，并针对性提出大跨度举高喷射消防车的战术应用方法，最后结合实际案例进行复盘和应用示例，可供消防救援人员、应急救援人员、学校师生以及从事灭火与应急救援工作的有关人员学习参考。

本书具有以下特点:

一是针对性强。本书针对大跨度举高喷射消防车这一全新装备，进行各类场景的技战术应用分析和研究，以期发挥其最大效能，这在国内属于首创。

二是涵盖面广。本书选择石油库火灾、液化石油气储罐火灾、化工装置事故、厂房仓库火灾、高层建筑火灾和堆垛火灾等典型灭火救援场景，涵盖了救援专业力量的主要任务，具有很强的参考价值。

三是贴近实战。本书的最大特色是结合实际火灾案例进行阐述和说明，贴合了灭火工作实际情况。

四是图文并茂，可读性强。为了增强内容的可读性，作者依据内容需要精选了实际图片和战斗力量部署图，使读者在阅读时一目了然。

本书在编写过程中得到了应急管理部消防救援局、全国各消防救援总队的领导和专家的指导和支持。在此，深表谢意。

本书由谢志霞、陈智慧、张竟等编著。参加编写的人员及分工为：谢志霞（第一章），陈智慧（第二章第一、二、三节），胡立强（第二章第四、五节），张竟（第三章），顾君（第四章第一、二、三、四节），丁泓玮（第四章第五节、第五章第一、二节），谷浩（第五章第三、四、五节），肖俏伟（第六章），彭江华（第七章）。

由于时间仓促，编著者水平有限，不妥之处在所难免，恳请读者批评指正，以便今后进一步完善。

编著者

2022年8月

目录

第一章

大跨度举高喷射消防车的性能分析

第一节　大跨度举高喷射消防车的作战模式

大跨度举高喷射消防车有多种车型，其臂架形式相同，均设置有6节臂架，但是臂架长度不同。以48m大跨度举高喷射消防车为例，6节臂架的长度分别为9980mm、7465mm、7075mm、9710mm、6480mm和3065mm，除了第6节臂架，其余臂架之间的夹角都可以达到180°。当展开时，最小展开跨距3.3m，工作幅度为28m；单侧支撑跨距6.3m，工作幅度为41m；支腿全展跨距9.8m，工作幅度为42.5m。

大跨度举高喷射消防车的6节臂架主要可以形成4个展开作战模式，包括探伸模式、跨越模式、倒勾回打模式和特殊模式。

一、探伸模式

大跨度举高喷射消防车可以实现6节臂架的垂直展开，并且进行相应角度的变化，实现不同的探伸模式。如图1-1所示，大跨度举高喷射消防车的6节臂架不但可以实现从垂直到水平之

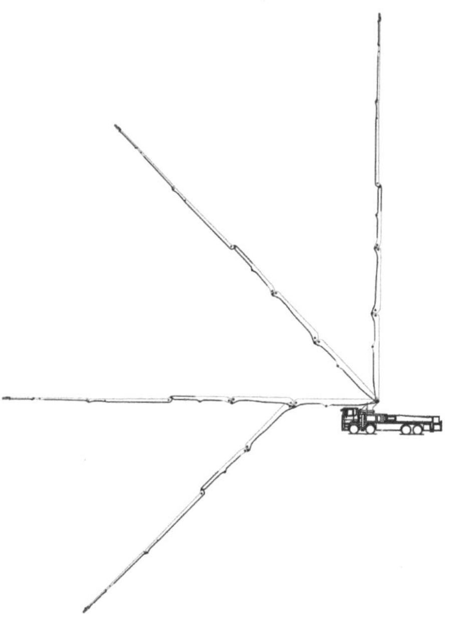

图1-1　大跨度举高喷射消防车的探伸作战模式

间的调整，还可以实现负角度的探伸。在实际灭火救援工作中，可以根据现场情况，适当调整各臂架之间的角度，以形成更好的作战方式。

二、跨越模式

大跨度举高喷射消防车依靠6节臂架的灵活展开，可以实现一定高度和水平距离的跨越。如图1-2所示，为大跨度举高喷射消防车跨越展开作战模式。由图可见，根据大跨度举高喷射消防车的臂架特点，除了第3节臂架和第4节臂架是反折臂，不适宜应用于跨越作战，其余臂架均可以折叠后形成跨越作战模式，可根据实际需要跨越的高度和距离进行臂架形式的调整，也可以通过改变臂架间的角度以适应现场实际需求。

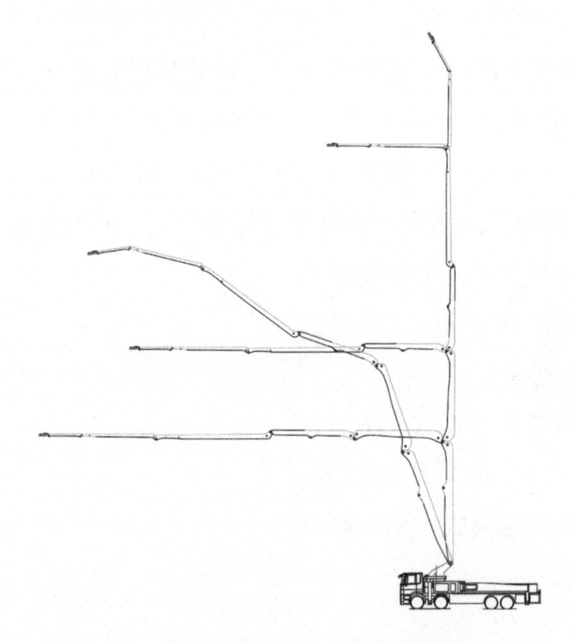

图1-2　大跨度举高喷射消防车的跨越作战模式

三、倒勾回打模式

大跨度举高喷射消防车不但可以实现跨越作战，还可以实现跨越之后的倒勾回打作战模式，可为某些火场提供更加灵活的作战方法。如图1-3所示，为大跨度举高喷射消防车可以实现的倒勾回打作战模式。根据臂架展开形式不同，大跨度举高喷射消防车可跨越不同高度、不同水平距离，然后实现倒勾回打，可根据实际火场情况，适当调整各臂架之间的角度以及臂架的倾斜角度，以满足现场作战需求。

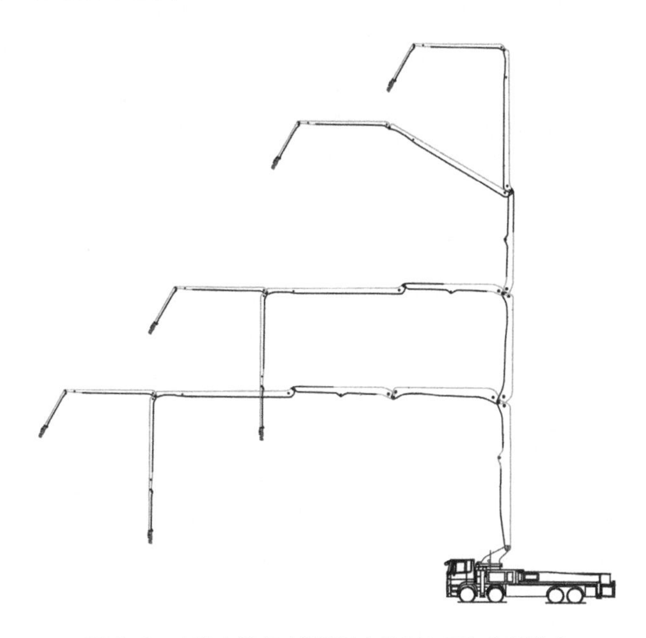

图 1-3 大跨度举高喷射消防车的倒勾回打作战模式

四、特殊模式

由于大跨度举高喷射消防车6节臂架非常灵活，除了常规展开模式之外，还可以形成Z字形展开和反Z字形展开等特殊作战模式，如图1-4所示。

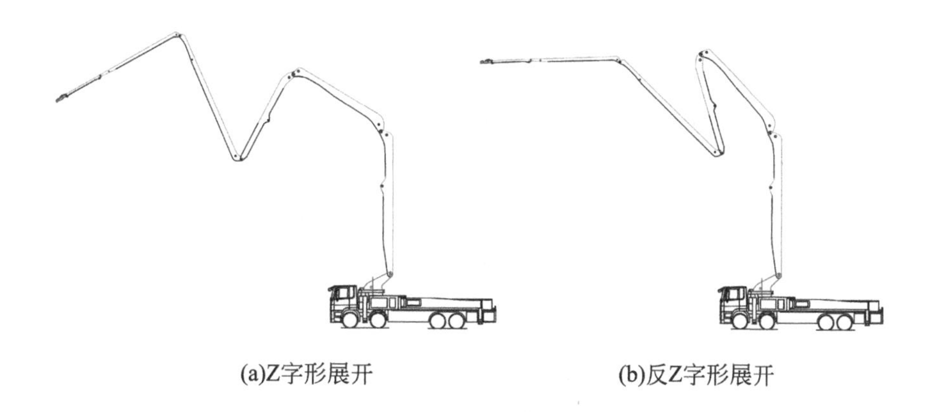

(a)Z字形展开　　(b)反Z字形展开

图 1-4 大跨度举高喷射消防车的特殊作战模式

由此可见，大跨度举高喷射消防车凭借其6节臂架的优势，可以实现多种形式的作战展开模式，在不同火灾现场，可以灵活应用，发挥冷却、控火和灭火的重要作用。

第二节　大跨度举高喷射消防车的水力测试

通过水力测试，可获取大跨度举高喷射消防车在探伸、跨越、倒勾回打和特殊展开模式时，消防泵的出口压力、消防炮的进口压力等关键参数，为实战应用提供参考和支撑。

一、水力测试方法

在消防水炮（简称水炮）的额定流量下，消防泵运转平稳后，记录发动机的转速、功率，水泵转速，消防泵的出口压力和消防水炮的入口压力，如图1-5所示。为了测试结果的准确性，应该测试至少3次，如果3次数据变化不大，可取平均值作为最终的测试结果。

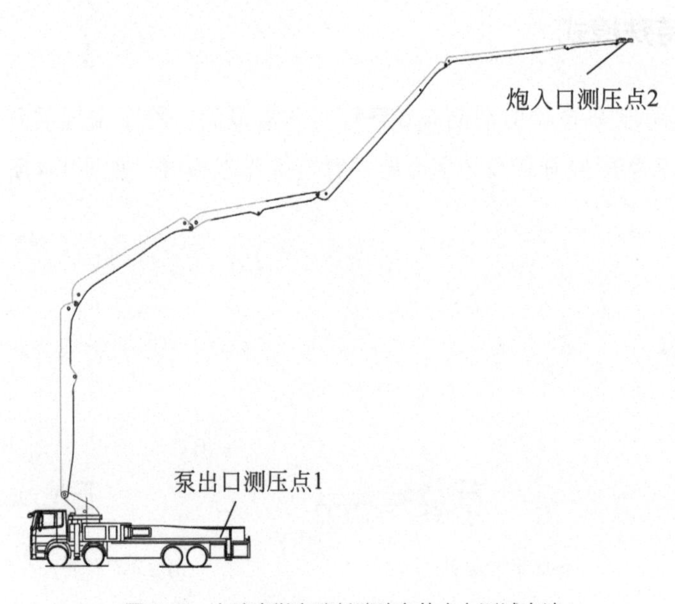

图 1-5　大跨度举高喷射消防车的水力测试方法

二、水力测试的臂架姿态

综合考虑大跨度举高喷射消防车的探伸、跨越、倒勾回打和特殊展开模式，主要针对图1-6中的几种臂架姿态进行水力测试。

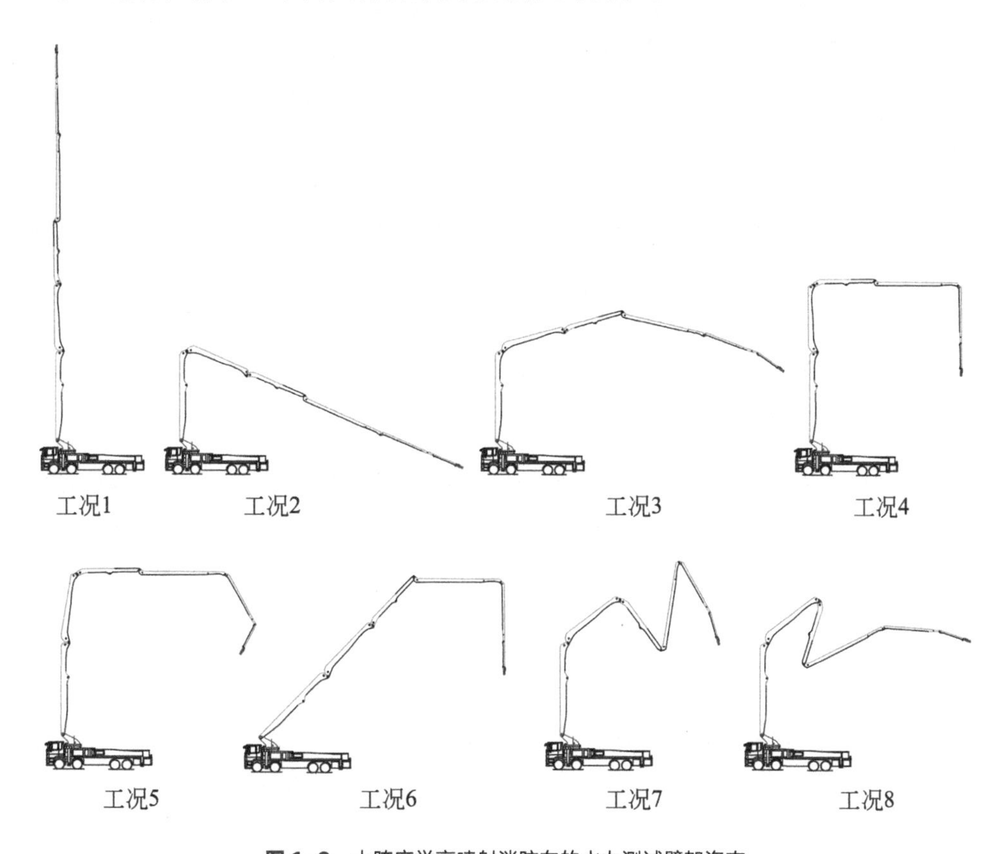

图1-6　大跨度举高喷射消防车的水力测试臂架姿态

工况1—臂架竖直，水炮水平；工况2—1节臂竖直，2～6节臂下探；工况3—1节臂竖直，2～6节臂抛物线；工况4—1、2节臂竖直，3～5节臂水平、6节臂垂直向下；工况5—1、2节臂竖直，3、4节臂水平、5节臂倾斜向下，6节臂回打；工况6—1～4节臂斜上，5节臂水平，6节臂垂直向下；工况7—1节臂竖直，2节臂斜上，3、4、5节臂反Z字形、6节臂斜下；工况8—1节臂斜上，2、3、4节臂Z字形、5节臂水平，6节臂斜下

三、测试结果与分析

针对大跨度举高喷射消防车8种工况的水力测试结果如表1-1所示。

表 1-1　大跨度举高喷射消防车水力测试结果

工况	末端高度/m	泵出口压力/MPa	炮入口压力/MPa	泵炮压差/MPa	管路沿程压损（去除重力损失）/MPa
1	40	1.42	0.91	0.51	0.13
2	2	1.01	0.86	0.15	0.15
3	19	1.22	0.90	0.32	0.15
4	17	1.19	0.90	0.29	0.14
5	16	1.18	0.89	0.29	0.15
6	23	1.20	0.85	0.35	0.14
7	10	1.14	0.91	0.23	0.15
8	12	1.13	0.89	0.24	0.14

由表1-1中数据可以看出，在固定的流量和消防泵的转速下，不同臂架形式时（不同工况），大跨度举高喷射消防车供水管路的沿程损失差别不大，基本都稳定在0.14MPa左右。由此可见，即使大跨度举高喷射消防车臂架的形式导致水流方向发生较大变化，优异的供水管路性能也将压力损失降到了最低。因此，在灭火救援工作中，大跨度举高喷射消防车的任何臂架形式均不会导致较大的水力损失。

第三节　常见举高喷射消防车的跨越能力分析

常见的举高喷射消防车包括20m两节折叠臂、28m单节伸缩臂、32m三节折叠臂、56m两节折叠伸缩臂、72m伸缩臂等臂架结构。本节以某油罐火灾扑救中，跨越管廊设置高喷阵地为例进行对比分析。

一、20m折叠臂举高喷射车应用分析

以某20m举高喷射消防车为例，其工作状态时，额定工作高度为20m，最

大工作幅度为11m，一二节臂架长度均约为10m，一二节臂架之间最大角度为140°。

在某起火灾扑救过程中，应用20m举高喷射消防车设置阵地，跨越管廊作战，如图1-7所示。由于第一节臂架的高度仅为10m，完全伸直状态也不能够跨越12m高的管廊，所以必须用到第二节臂架。为了确保稳定性和安全性，一二节臂架必须形成一定夹角进行展开，才能够超过12m的管廊高度。如图1-7所示，在这样的一个臂架展开形式下，一二节臂之间的夹角约100°，举高喷射消防车的水平跨越距离仅为3～5m。从现场实际情况来看，20m举高喷射消防车根本不能跨越管廊。在此种情况下，利用消防水炮喷射灭火剂，由于受到火风压和风的影响，灭火剂大量飘散，不但实际灭火、冷却效果非常差，还造成了灭火剂的浪费。

图1-7 某火灾现场20m举高喷射消防车跨越管廊作战情况

二、28m伸缩臂举高喷射车应用分析

如果应用28m的举高喷射车，臂架为伸缩臂，展开后只有单一臂架（如图1-8所示），考虑到管廊12m高度的限制，阵地离管廊越近越容易实现高度跨越。但是也因为臂架与地面的角度越大，水平方向跨越距离越小，如果设定炮头高度为20m，跨越12m高的管廊，为了实现最大程度水平跨越，停车位置距管廊需要11m，水平跨越也仅为7m。此种展开状况虽然比实际现场应用的16m+10m的双臂架举高喷射车跨越效果要好，但是由于管廊水平方向距着

火罐30m，作战效果依然不尽如人意。然而，现场展开空间受限，通道距离管廊不超过3m，则可计算出水平跨越距离仅为4m，跨越效果非常差。

图 1-8 28m 伸缩臂举高喷射消防车

三、32m Z字形折叠臂举高喷射车应用分析

以某32m举高喷射消防车为例，其工作状态时，额定工作高度为32m，最大工作幅度为19m，一节臂架相对水平面角度范围是0°～80°，二节臂架与一节臂架夹角为0°～140°，三节与二节臂架夹角为0°～210°，臂架为三节折叠臂Z字形折叠。图1-9为32m Z字形折叠臂举高喷射消防车。在石油库火

图 1-9 32m Z 字形折叠臂举高喷射消防车

灾现场实施跨越管廊时，水炮应朝向着火油罐，则要求三节臂架朝向着火罐区，二节臂架需要反向伸展，由于各臂架之间角度受限，三个臂架以Z字形均在垂直方向，而水平方向的跨越能力非常低。因此，此种Z字形折叠臂的举高喷射消防车完全不能应用在跨越管廊的灭火救援中。

四、56m折叠伸缩臂举高喷射车应用分析

56m折叠伸缩臂举高喷射车的1节臂架为伸缩臂，2节臂架为直臂。其中，2节臂架的长度约为14m，1节臂架的伸缩长度约为42m。如果应用在石油库火灾扑救的跨越管廊设置阵地中，则障碍越高，1节臂与地面角度越大，跨越能力越弱，如图1-10所示。以某火灾扑救现场12m高的管廊为例，将56m高喷车停靠在距离管廊3m处，经过计算可得，1节臂架伸展高度约40m，水平跨越距离约7m。此时，如果2节臂架水平伸展，则水平跨越距离共约21m，已经展现出较好的跨越能力。然而，虽然已经形成高点阵地的设置，但是由于炮头高度较高（约40m），水炮距离着火罐约28m。在这种展开情况下，56m折叠伸缩臂虽然实现了管廊的跨越，并且在水平距离也展现出较好伸展能力，但是由于炮头位置过高，在火风压和风的影响下，泡沫的实际覆盖效果受到较大影响。

图1-10 56m折叠伸缩臂举高喷射消防车跨越应用

五、72m 5+3伸缩臂举高喷射车应用分析

72m 5+3伸缩臂举高喷射消防车由5节伸缩主臂架和3节伸缩副臂架组成，其额定工作高度为60m，伸展幅度为22m，如图1-11所示。在实现跨越管廊工作时，如果地面展开空间较小，车辆停靠管廊较近，则主臂架与地面之间的角度越大，最高高度越高，水平跨越能力越弱，约为15m；如果地面展开空间较大，车辆可以稍远离管廊进行停靠，此工况下主臂架可以倾斜展开，与地面夹角变小，水平距离增大，但还应该考虑管廊的制约。总体来看，72m举高喷射消防车由于其臂架的长度足够长，臂架形式组合适合跨越障碍，其跨越能力较强。然而，与56m举高喷射消防车一样，炮头高度不宜设置过高，以免造成灭火剂的浪费。

图1-11 72m 5+3伸缩臂展开情况

由此可见，常见举高消防车由于臂架形式不同，在实施跨越作战时均有优缺点，20m的折叠臂举高消防车由于臂架长度的限制，其跨越能力非常有限；28m伸缩臂举高消防车由于臂架只能伸缩不能弯曲，跨越时受到角度限制；32m Z字形折叠臂举高消防车的臂架形式限制了其跨越能力；56m折叠伸缩臂和72m伸缩臂举高喷射消防车虽然可以实现一定高度和距离的跨越，但是其炮头位置较高，灭火剂喷射后飘散现象严重。

第二章 石油库火灾扑救技战术应用

近年来，石油库火灾频繁发生，带来了火灾扑救的难题。通过深入分析石油库火灾特点，研究灭火救援作战力量需求，总结经验教训，明确了石油库火灾扑救应主要遵循“先控制、后消灭”的基本战术原则。在前期救援力量不足时以控制火势为主，防止火势的蔓延变大，主要应用冷却战术；在救援力量充足后，采取主动进攻，实施灭火。在此过程中，针对不同火场的具体情况，采取登罐灭火、关阀断料、提升液面等不同战术方法，才能够有效开展火灾扑救工作。

通过以往的作战经验，发现举高喷射消防车已经在石油库火灾扑救中展现出了不可替代的重要作用，其从上向下的高态势灭火剂喷射打击火点的灭火作战方式，大大提高了石油库火灾扑救的灭火救援效率。然而，当火场展开空间受限或现场存在障碍物时，举高喷射车的使用受到较大限制。大跨度举高喷射消防车的面世，在一定程度上解决了跨越障碍和精准打击的难点问题。

第一节 大跨度举高喷射消防车跨越管廊的战术应用

为了实现油品的装卸和输送，石油库内往往设置有纵横交错的管道。在发生火灾时，沿地面敷设的管道对于灭火阵地的设置没有障碍，但设置在高处架空的管廊会成为火灾扑救难以跨越的障碍。

一、跨越管廊战术需求分析

在扑救石油库火灾时，为了提高火灾扑救效率，减少泡沫灭火剂的浪费，应在确保安全的前提下尽量靠近油罐设置阵地。因此，一般不考虑跨越管廊设置阵地。但是，在以下几种情况时，需要跨越管廊进行阵地设置。

（一）车辆不能靠近罐组

由于展开空间受限，或者管廊高度过低，导致举高喷射消防车不能够正常驶入，不能靠近着火罐组。《石油库设计规范》（GB 50074—2014）规定："管线跨越消防道时，路面以上的净空高度，不应小于5m。管架立柱边缘距道路不应小于1m。"此规定虽然规定了净空高度，在一定程度上考虑了车辆的可通过性，但如果管廊较低，如图2-1所示，大型举高车辆很难通过，并且管廊与油罐之间为非硬化地面，举高车不能够停靠展开，此时，应采用跨越管廊的方式进行阵地设置。

图 2-1 管廊较低、管廊与油罐之间无硬化地面

（二）管廊侧属于优势阵地

油罐火灾的热辐射相当大，上风方向往往是有利位置。为了确保车辆和人员的安全，顺利完成火灾扑救任务，往往选择上风方向作为进攻阵地。另外，当火灾形式为多罐燃烧时，为了提高灭火效率，减小复燃可能性，应遵循"先上风、后下风"的战术原则，在上风方向设置阵地。如果此时上风方向恰好存在管廊（如图2-2所示），就需要跨越管廊进行灭火。

图 2-2 多罐燃烧现场管廊处于上风方向

（三）实施“总攻灭火”的战术需要

在油罐火灾扑救时，无论是实施冷却还是实施灭火，都要求不留空白点，实施全面冷却或灭火。如果不能够实施完全冷却，可能会导致油罐受热不均匀，出现罐体破裂、油品沸溢喷溅、油蒸气爆炸等情况，不利于灭火的实施；如果灭火时泡沫喷射不够均匀和全面，就有可能导致火点不能够完全覆盖，不能顺利灭火或者发生复燃现象。因此，为了能够很好地实施冷却和灭火，往往会采取“围歼”战术（如图2-3所示），但如果油罐火灾现场存在管廊，全面冷却和灭火，就需要跨越管廊设置阵地。

图 2-3 油罐火灾扑救“围歼”战术

二、跨越管廊作战难点分析

在石油库火灾扑救中，当需要跨越管廊设置冷却、灭火阵地时，作战难点在于举高喷射消防车的臂架不但需要跨越一定高度，还需要跨越一定水平距离。另外，由于水平距离跨越较大，对于地面展开空间的要求也较高。

（一）需要跨越的高度较高

按照规范、标准的相关规定，在石油库区内高空架设的管廊距离地面高度不应该小于5m，再加上管廊可设置多层，总高度可达到10m以上。以某油罐火灾为例，着火罐组东侧架设的管廊限高6m，总高度约12m，如图2-4所示。从高度上讲，至少要求举高喷射消防车的炮头要超过管廊，现有的举高喷射车的臂架都可以轻易超过这个高度。但是，管廊的高度越高，臂架与管廊之间的夹角越小，举高喷射车的臂架高度要求越大，也意味着其水平距离越小。另外，举高喷射消防车在油罐火灾扑救中的优势体现为灭火阵地由上往下喷射灭火剂，实施高姿态打压，灭火效果比低点阵地要好。因此，对于常规17m以上的油罐来说，在跨越管廊后，还要求炮头高度维持在17m以上，这在一定程度上也减小了跨越距离。

图2-4 某油罐火灾着火罐组东侧管廊实景图

（二）需要跨越的水平距离远

按照规范要求，管廊应至少距离道路1m远，与油罐之间应根据现场实际情况确保安全距离。在该起油罐火灾的现场，东侧管廊距离着火罐区的防火堤30m，油罐与防火堤之间的距离为10m，图2-5为着火罐区和东侧管廊的方位图。

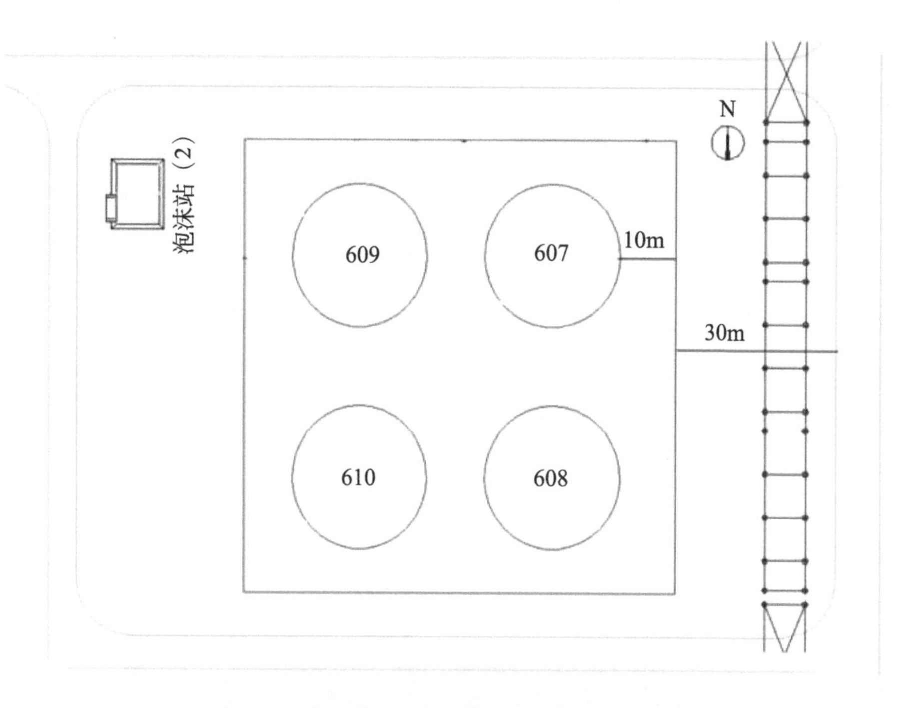

图2-5　某油罐火灾着火罐区及东侧管廊方位图

此火灾现场着火罐组东侧属于上风方向，是非常重要的、必不可少的冷却、灭火阵地。如果将灭火阵地部署在管廊以西，草坪地面硬度不足以支撑举高喷射车的展开。另外，此位置距离着火罐过近，危险性非常大。因此，如果将阵地部署在管廊以东的通道上，势必要跨越管廊进行阵地设置。因此，想要跨过此管廊进行灭火剂喷射，举高喷射车不但要跨越12m的高度限制，在水平方向上还要跨越一定距离，尽可能近距离将灭火剂精准打击到指定部位。对于大多数举高喷射消防车来说，在跨越12m高度后，水平跨距就会大打折扣，几乎不可能跨越40m的距离，需要依靠消防炮射程进行弥补。在跨越后，应该尽量让举高喷射消防车的炮头靠近着火罐区，才能够实现精准打击，节省灭火剂，提高灭火效率。

（三）跨越能力受到举高消防车臂架形式的限制

为了确保车辆的稳定性和安全性，举高喷射消防车的臂架主要包括两节折叠臂（如图2-6所示）、三节Z形反向折叠臂、单节伸缩臂、双节伸缩臂等类型。这几种类型的臂架各有特点和优势，适用于不同的场合和场景。但是，在跨越管廊场景的应用中，既需要跨越一定高度也需要跨越一定距离，有些臂架形式就会限制举高消防车跨越管廊的能力。例如，两节折叠臂的举高喷射消防车的两节臂架有一定角度，使其有效高度降低；三节Z形反向折叠臂的三个臂架都在竖直方向，其水平方向的跨越能力非常弱；单节伸缩臂在跨越管廊时，管廊越高，其水平方向的跨距越短。

图2-6 两节折叠臂举高喷射消防车

（四）跨越能力受到展开环境的限制

按照《石油库设计规范》，石油库内的消防通道不应该小于6m，消防通道越宽，举高喷射消防车的展开空间越充分，在支腿完全展开的情况下，举高喷射消防车才能够最大程度展开，也最安全。然而，在很多石油库区，消防通道的宽度仅满足最低要求（即6m的宽度），这使得举高喷射消防车的支腿展开受到限制（如图2-7所示），从而其臂架的横向跨越能力也降低。

图 2-7　石油库区狭窄的消防通道

由此可见，想要跨越管廊进行阵地设置，举高喷射消防车必须具有跨越一定高度和一定水平距离的能力，并且只有其臂架形式合理、地面展开空间足够，才能够满足跨越需求。

三、大跨度举高喷射消防车的跨越管廊应用

（一）48m大跨度举高喷射消防车的臂架性能参数

48m大跨度举高喷射消防车，6节臂架的长度分别为9980mm、7465mm、7075mm、9710mm、6480mm和3065mm，除了第6节臂架，其余臂架之间的夹角都可以达到180°。当展开时，最小展开跨距3.3m，工作幅度为28m；单侧支撑跨距6.3m，工作幅度为41m；支腿全展跨距9.8m，工作幅度为42.5m。

（二）大跨度举高喷射消防车跨越管廊能力分析

从以上参数可以看出，大跨度举高喷射消防车具有较强的跨越能力，工作幅度和臂架形式都有利于跨越管廊。以跨越某火灾东侧12m管廊为例，管廊东侧通道宽9m，可支持大跨度举高喷射消防车的支腿完全展开，按照臂架长度可算出1、2节臂架竖直展开状态超过17m，再加上车体本身高度，1、2节臂架高度接近20m。因此，1、2节臂架的垂直展开完全可以跨越12m高的管廊，并达到灭火的高度要求。另外，在保持车辆与管廊之间的一定安全距

离后，1、2节臂架还可以向管廊倾斜一定角度，也不影响其跨越能力，还可以增加水平跨越距离。经过计算可知，在车辆距离管线15m范围内，1、2节臂架均可以到达12m管廊顶部。在此火灾现场，东侧通道距离管线约3m，此时，1、2节臂架稍有倾斜展开后，其高度仍略高于着火罐。此时，3、4、5、6四节臂架的总长度超过26m，如果以与地面平行的方式展开，炮头将跨越26m的水平距离，已非常接近着火罐（距离40m）。48m大跨度举高喷射消防车展开模式如图2-8所示。

图 2-8 48m 大跨度举高喷射消防车
1、2 节臂垂直，3 ~ 6 节臂水平展开模式

48m大跨度举高喷射消防车跨越12m高管廊示意图如图2-9所示。在此种展开模式下，由于此时消防炮的炮头高度超过20m，即已经超过着火罐17m的高度，炮头距着火罐的水平距离约15m，炮的射程为80m。因此，应用水炮、泡沫炮实施冷却、灭火非常容易，基本可以实现跨越后的精准打击。

图 2-9 48m 大跨度举高喷射消防车跨越 12m 高管廊精准打击

表2-1为模拟各类举高喷射车在火灾现场展开跨越东侧管廊的数据对比。通过对比分析，不难发现48m大跨度举高喷射消防车具有最好的跨越能力，能较好地完成精确打击任务。

表2-1　举高喷射车停靠距离管廊3m处、跨越12m高管廊能力对比表

举高喷射车	臂架长度/m	臂架形式	臂架展开形式	水平跨越距离
JP18	18	双臂架	1、2节臂架完全展开	不能跨越
JP28	28	单一伸缩臂	直线形展开	4m
JP30	30	三臂架	Z字形展开	6m
JP56	56	伸缩臂+直臂	1节臂倾斜， 2节臂架水平展开	21m
JP72	72	双伸缩臂	1节臂架倾斜，2节臂架水平	15～20m
48m大跨度 高喷车	48	6节臂架	1、2节臂架垂直， 3～6节臂架水平	26m
62m大跨度 高喷车	62	6节臂架	1、2节臂架垂直， 3～6节臂架水平	—

第二节　大跨度举高喷射消防车冷却油罐战术应用

经过众多的理论研究和实战经验的累积，在油罐火灾扑救过程中，较为明确的战术思路为“先控制、后消灭”，即在足够泡沫灭火剂调集到现场之前，应主要以冷却控制为主，以防火势蔓延变大，防止邻近储罐被引燃，防止着火罐发生爆炸、燃烧、沸溢喷溅、倒塌等次生灾害；在泡沫灭火剂充足之后，在前期冷却的基础上实施总攻灭火；在全部火势扑灭后，继续采取泡沫覆盖、全方位冷却的方法，避免发生复燃。

一、油罐火灾冷却战术需求分析

在油罐火灾扑救中，冷却是防止火势变大，避免燃烧、爆炸、沸溢喷溅发生的必要手段，是进行火灾扑救的前提和基础。

图 2-10　油罐敞开式燃烧

（一）着火油罐需要冷却全周长

如果油罐发生的是敞开式燃烧（如图2-10所示），则着火面积较大，热辐射非常大，热量会沿着油品燃烧表面向油品内部传递。如果不进行冷却，则不可能实施快速灭火，并且有爆炸、沸溢喷溅和倒塌的风险。因此，必须对着火油罐进行全面冷却，即实施全周长冷却，为灭火工作奠定基础。

（二）邻近油罐重点冷却迎火面

对于罐组内有多个油罐的情况，如果着火罐处于敞开式猛烈燃烧状态（如图2-11所示），罐组内的邻近罐危险性更大，一方面可能会被烘烤导致燃烧，另一方面，如果是拱顶罐，压力泄放困难，也可能会发生超压爆炸。因此，在油罐火灾冷却战术应用中，邻近的拱顶油罐更需要进行全面冷却，冷却应以迎火面为主。

图 2-11　油罐火灾邻近拱顶罐受火势威胁情况

（三）均匀冷却

均匀冷却是油罐火灾扑救中冷却战术的最基本要求，如果冷却不均匀，留有空白点，未被冷却的油罐罐体很容易发生破裂、变形，会导致流淌火四处漫流，还会形成死角火势，难以扑救。因此，为了确保均匀冷却，应准确计算冷却力量，正确部署冷却阵地，合理组织火场供水（如图2-12所示）。

图2-12 油罐火灾扑救火场冷却

（四）冷却水射流要求

油罐火灾冷却是按周长实施的，为了确保冷却均匀的战术要求，必须使冷却水到达油罐罐顶部位，让冷却水顺流而下，并且及时摆动水枪、水炮，使冷却水覆盖一定周长下所有面积。另外，为了避免冷却水的浪费，确保冷却强度，冷却水射流不应该直接喷射（如图2-13所示），应该让其越过抛物线的顶点，顺着油罐方向流下，避免造成反射浪费。

图2-13 油罐火灾扑救冷却射流

二、油罐火灾冷却作战难点分析

（一）罐组的中心区域难以冷却

如果着火罐位于一个罐组内，罐组内有多个油罐，则由于受到罐布局影响，罐组的中心区域是最难以冷却的区域，如图2-14所示。如果利用常规的水枪、水炮和高喷炮进行油罐冷却，受到水枪、水炮的射程限制，中心区域很难被冷却到；受到油罐的阻碍，高喷炮的射水也难以喷射到中心区域。

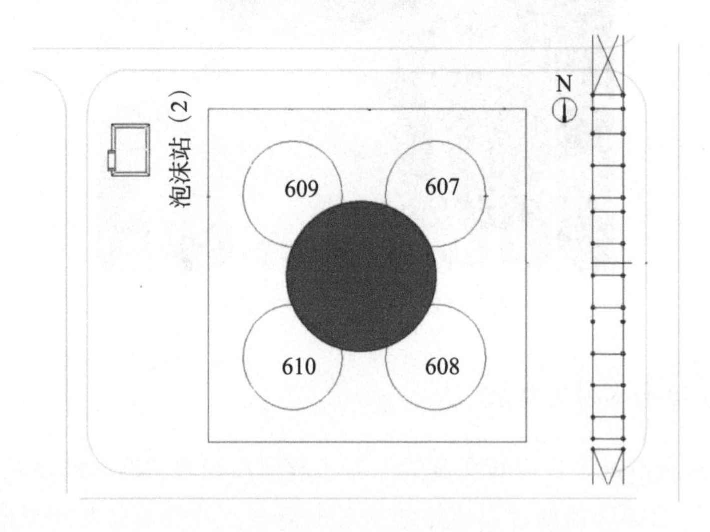

图2-14 多个油罐布局罐组内冷却难点部位（红色）

（二）近距离冷却危险性较大

为了克服油罐布局的影响，有的油罐火灾扑救现场，采取了近距离设置阵地进行冷却的方式。如图2-15所示，水枪阵地被设置在防火堤内，此种方法可以完成中心区域的冷却，但是会受到热辐射、爆燃、沸溢喷溅的影响，危险性很大。

（三）地形、地势限制冷却阵地的设置

很多石油库的地理环境较为特殊，油罐周围有地势起伏等情况，如图2-16所示。图2-16中着火油罐位于地势较低处，虽然着火油罐周围按照规范设置有消防通道，但是由于地面流淌火的原因，消防车辆不能够靠近着火油罐，

图 2-15 油罐火灾扑救近距离设置冷却阵地

图 2-16 某油罐火灾扑救现场

导致冷却不够充分。最好的冷却阵地可以设置在较高地势处，形成高压态势进行射水冷却，但是会由于水平距离过大，导致冷却效果欠佳。

由此可见，油罐火灾扑救现场受到诸多因素的影响，冷却工作较为困难，很有可能会导致火势的蔓延变大，爆炸、沸溢喷溅等事故的发生。

三、大跨度举高喷射消防车跨越冷却油罐应用

如果能够实现跨越油罐设置冷却阵地，即可解决多罐布局的罐组中间区域均匀冷却的难题，而能够跨越油罐实施冷却战术目标的最佳装备选择应该是举高喷射消防车。通过跨越油罐，将冷却水喷射到对面油罐的罐壁或将冷却水喷射到被跨越油罐的罐壁，即解决了中间区域难以冷却的问题。

然而，跨越油罐设置冷却阵地的应用方法难度非常大。首先，油罐大小不同，所需要跨越的高度和距离不同。表2-2中所列为常见油罐的参数表。由表可见，$500m^3$的油罐直径为8m，罐高11.5m，罐里消防通道间距大于6m，为了确保安全，所需要跨越的高度至少为12m，水平距离至少为14～16m。对于前面阐述过的20m、32m、56m、72m举高喷射车来说，此跨越高度与前面所述管廊一样，对于有些举高喷射车来说，跨越已经不易。然而，当油罐容积更大时，所需跨越的高度和距离都增大，跨越难度相应增大。大跨度举高喷射消防车凭借其特殊的臂架形式和优越的水平跨越能力，可以实现部分油罐的跨越。

表 2-2 常见油罐参数表

罐容积/m^3	罐直径/m	罐高/m	罐路间距/m	需跨越距离/m
500	8	11.5	＞6	14～16
1000	11	14	＞7	18～20
2000	14	15	＞7	21～23
3000	16	16	＞8	24～26
5000	20	16	＞8	28～40
10000	30	17	＞9	40～55
20000	40	18	＞9	50～65
50000	60	20	＞10	70～80
100000	80	21	＞10	＞90
150000	98	22	＞11	＞110

（一）跨越冷却3000m^3以下立式油罐能力分析

48m大跨度举高喷射消防车6节臂架的长度分别为9980mm、7465mm、7075mm、9710mm、6480mm和3065mm。1、2节臂架总长度约为17.5m。由表2-2中常见立式油罐的参数可知，如果48m大跨度举高喷射消防车的1、2节臂架成垂直展开模式，则其高度超过10000m^3以下的所有立式油罐，已经具备跨越油罐设置阵地的高度基础。48m大跨度举高喷射消防车3～6节臂架总长度为26.3m，由表2-2中所需跨越距离（阵地距离与油罐直径之和）可知，48m大跨度举高喷射消防车可完全跨越3000m^3以下油罐，并实施回打射水，完成迎火面的冷却任务，如图2-17所示。

（二）跨越冷却5000m^3立式油罐能力分析

1.跨越能力

5000m^3立式油罐罐直径为20m，罐高16m，距罐防火堤距离大于8m，因此，需要跨越的距离至少应为28m。由此可见，需要跨越的水平距离已经超过48m大跨度举高喷射消防车3～6节臂架长度总和，不可能实现完全跨越，但可实现罐顶局部跨越，将水喷射到罐顶（仅限拱顶罐和内浮顶罐）顺流至迎火面，或者可将阵地平移，只实现局部跨越进行冷却。

图 2-17 大跨度举高喷射消防车跨越 3000m³ 油罐图

2.应用示例

例如，2010年某油罐火灾中，着火罐即为5000m³的内浮顶罐，罐区布局如图2-18所示，燃烧、冷却情况如图2-19所示。

由图2-18、图2-19可见，着火罐1613号为敞开式燃烧，邻近的1612号和1611号油罐的迎火面应该为冷却重点。以1612号罐为例进行计算，1612号

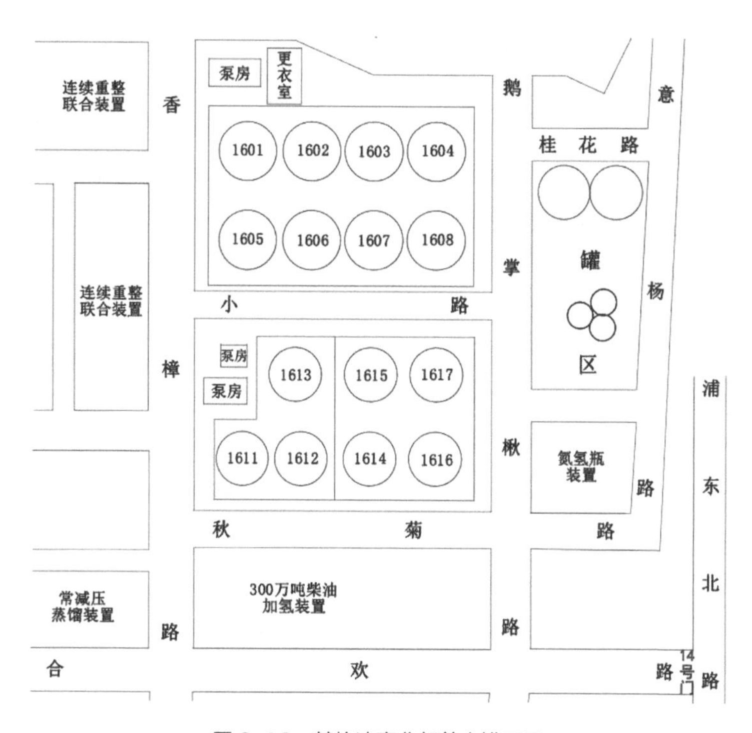

图 2-18 某炼油事业部着火罐区图

图 2-19　某炼油事业部 1612 号罐实战冷却情况

罐距离1613号罐约10m，距离南侧道路约10m。如果将48m大跨度举高喷射消防车部署在1612号罐正南侧，即需要跨越28m的水平距离。由于1612号罐高度为16m，48m大跨度举高喷射消防车的1、2节臂架垂直展开的高度超过17m，3～6节臂架总长度为26.3m，虽然没有能够实现完全跨越28m的距离，但是已经非常接近北侧迎火面处。因此，将冷却水喷射到1612号罐迎火面上方罐顶，冷却水会沿着罐壁流到迎火面处，起到较好的冷却效果。

由于$5000m^3$油罐的周长约为64m，一门水炮刚好能够完成正对着火罐的四分之一周长（即16m）的冷却覆盖。其余四分之一周长可通过部署移动炮或车载炮完成冷却。如果条件允许，也可以在1612号罐南侧部署两部48m大跨度高喷车，实施迎火面的完全冷却。

3.臂架姿态分析

由于3节和4节臂架属于反向折臂，如果采取1～3节臂架垂直展开，4～6节臂架水平展开的方式，存在安全隐患，不建议应用。

如果采取1～4节臂架垂直展开，5～6节臂架水平展开的方式，则可实现垂直34m，水平9.5m的跨越。此时将1～4节臂架向1612号罐体倾斜，4、5节臂架连接点（拐角）降到20m高，则1～4节臂架水平移动约27.5m，再加上5、6节臂架的9.5m，则水平跨越距离为37m。然而，此时由于车辆停靠位置离罐区只有10m，17m高的储罐形成障碍，则4、5节臂架连接点不能够完全降到20m处，则1～4节臂架的水平移动距离被局限为15m，总跨越距离仅为24.5m，不能实现完全跨越。

由此可见，1～4节臂架为主臂展开时，受到油罐的制约，跨越能力一般。而且，主臂架越长，受到的制约越严重。如果采取1～5节臂架垂直展开，6节臂架水平展开的方式，主臂架受到油罐的限制更多，跨越能力更差。因此，对于5000m^3的立式油罐，不能够实现完全跨越，只能够实现局部跨越。

值得注意的是，部署在1612号罐南侧的冷却阵地，还可以局部跨越1612号罐后，用来冷却1613号着火罐的南侧部位，解决着火罐的冷却问题。另外，如果将48m大跨度举高喷射消防车部署在1611号罐西侧，也可以跨越1611号罐，实现对1612号罐迎火面的冷却。

（三）跨越冷却10000m^3立式油罐能力分析

10000m^3立式油罐的直径为30m，高度为17m，罐与道路之间的间距要超过9m，因此，需要跨越的长度约为40～55m。如果48m举高喷射车以1、2节臂架垂直，3～6节臂架水平的方式展开，则能实现17.5m高度、26.3m长度的跨越，则炮头位置刚好到达罐顶的中间（40m跨距），实现了局部跨越，也可以应用水炮顺向向迎火面罐顶打水，但是效果并不十分理想。并且，此种展开模式在高度上余量较小，有一定的碰撞风险。

如果采取1～4节臂架垂直展开，5、6节臂架水平展开的方式，将1～4节臂架靠近着火油罐，则可实现水平跨越35m的距离。以冷却某油罐火灾609号10000m^3罐为例进行计算，着火罐609号罐距离北侧通道约25m，需要跨越距离共55m。在609号罐正北侧停靠48m大跨度举高喷射消防车，考虑到罐高度约17m，为实现跨越，举高喷射车臂架高点设定为20m，通过勾股定理，可以算出从高喷车到达20m高点需要的距离为32m，如图2-20所示。为了实现32m的长度，跨越20m的高度，48m大跨度举高喷射消防车应该应用1～4节臂架完全伸展到达罐顶，此时四节臂总长度约34m，满足需求，剩余臂架长度不到10m。此时，炮头已经可以到达609号罐上方，再利用水炮的射程，可将水喷射到罐顶，水可顺势流到迎火面罐壁，也可以起到较好的冷却作用。

由此可见，如果阵地距离罐体较远，应采取1～4节臂架作为主臂架，5、6节臂架水平展开，对于10000m^3的立式油罐是最佳跨越展开方式，可实现局部跨越。由于没有实现完全跨越，可将大跨度举高喷射消防车往东、西两侧平移，随着阵地的移动，1～4节臂架可适当调整角度，增强冷却效果。

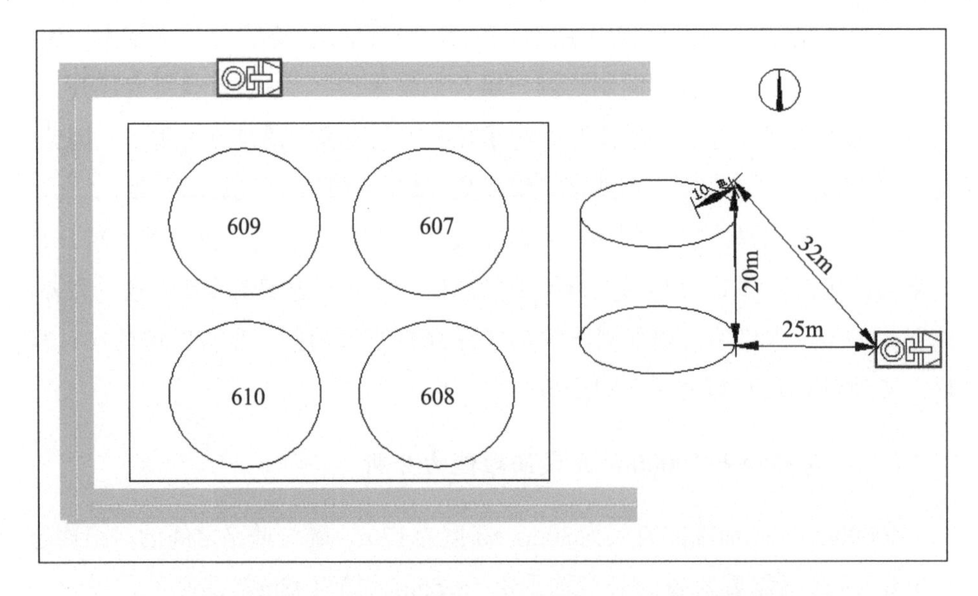

图 2-20 48m 大跨度举高喷射消防车跨越 10000m³ 油罐示意图

另外，还可以利用48m举高喷射车边打边动的模式，增大609号油罐迎火面的冷却范围。由于609号油罐和610号油罐之间的间隔只有15m，而水炮的射程能够达到80m，并且水炮可以±45°摆动，因此，还可以以这种阵地设置模式，冷却到610号油罐的北侧迎火面，如图2-21所示。

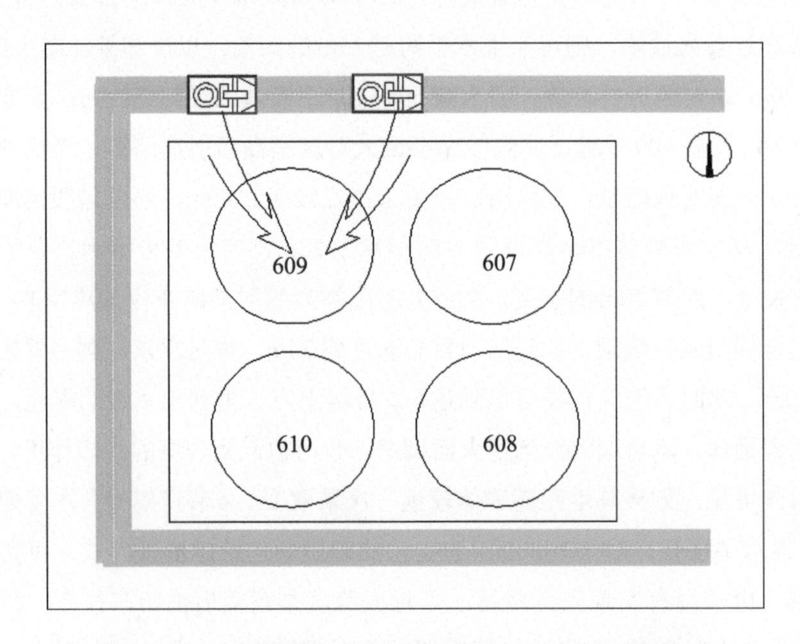

图 2-21 48m 大跨度举高喷射消防车跨越 609 号油罐冷却范围图

（四）跨越冷却20000m³立式油罐能力分析

对于20000m³的立式油罐，其直径为40m，油罐到道路的距离超过9m，需要跨越距离超过50m。如果按照1～4节臂架垂直展开后靠近罐体，5、6节臂水平伸展为展开模式，以最小50m跨越距离计算，由于罐体形成障碍，最多只能实现24.5m的水平跨越，即炮头能跨越罐顶约15m。以最大65m跨越距离计算，炮头只能刚刚到达罐体顶部，不能跨越。

由此可见，随着罐体的增大，48m举高车虽然还具有一定的跨越能力，但如果阵地距离罐体太远，小距离跨越已经没有意义，甚至根本不能跨越。

（五）跨越冷却50000m³立式油罐能力分析

对于50000m³立式油罐，其直径为60m，高度为20m，需要水平跨越距离超过70m。按1～4节臂倾斜靠近，5、6节臂水平展开模式，以70m跨越距离进行计算，还能实现油罐上方约10m的水平跨越。以75m跨越距离进行计算，如果以1～4节臂架靠近的方式，则可以实现超过油罐高度要求，但是跨越距离也仅为15m，为罐直径的四分之一，基本没有意义。

因此，48m大跨度举高喷射消防车可以跨越5000m³以下的立式油罐进行冷却阵地设置，而50000m³的立式油罐已经是48m大跨度举高喷射消防车局部跨越的极限，超过50000m³的油罐不能实现跨越。

四、大跨度举高喷射消防车探伸冷却油罐战术应用

除了跨越油罐设置冷却阵地，还可以利用大跨度举高喷射消防车卓越的跨越能力，在油罐火灾扑救时实施探伸冷却。按照冷却阵地的位置不同，可以将探伸冷却区分为侧面探伸冷却和正面探伸冷却两种。对于小型立式油罐的冷却，完全可以采取跨越方式进行；而对于不能跨越的大型油罐，探伸冷却会有较好的效果。探伸冷却应用主要以10000m³以上的大型油罐为研究对象。

（一）侧面探伸冷却应用分析

侧面探伸冷却，即将车辆停靠在需要冷却油罐附近，从侧面将水炮靠近

油罐迎火面进行冷却。以冷却10000m³ 609号罐为例，如果大跨度举高喷射消防车停靠位置已经超过了北侧防火堤外罐组中线，靠东偏向607号罐位置，这时，如果应用跨越方式只能冷却到609号罐背火面，跨越冷却没有意义，反而增加了战斗展开难度，不如利用普通水炮进行冷却。在中线及以东位置，可以将臂架伸展至609号罐东南侧附近进行迎火面的冷却，如图2-22所示。

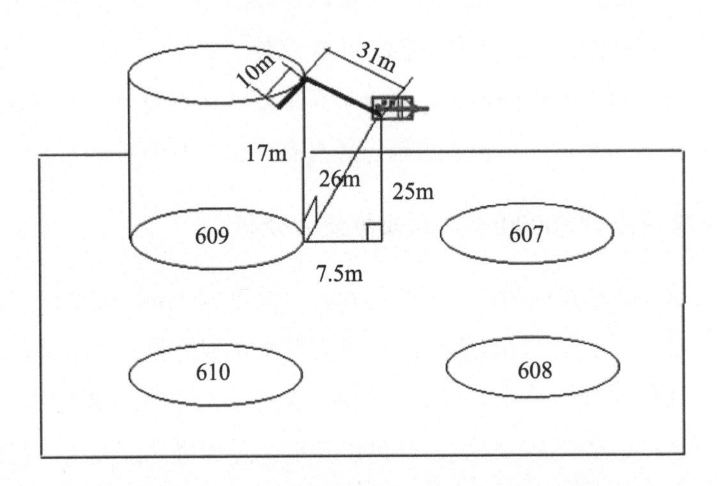

图2-22 48m举高喷射消防车侧面探伸冷却示意图

假设48m大跨度举高喷射消防车停靠在中线位置，则想要将臂架伸展到609号罐东侧中间罐顶，可根据两次勾股定理，算得需要的臂架的长度约为31m，实际1～4节臂长为34m，因此，此阵地可轻松通过展开1～4节臂架到达罐顶位置，并且可以剩余约10m臂架，实现向下打击，配合水炮±45°的旋转，可以很大程度解决609号罐迎火面冷却问题。同样，如果该阵地调转炮头，可以冷却607号罐与609号罐对称的中心区域。另外，考虑到水炮射程可达到80m，因此，此阵地可用来冷却608、610号罐的北侧面。

由于不需要跨越，1～4节臂只要能够到达罐顶区域，5、6节臂就可以实现向下和向前打水的目的。然而，考虑到1～4节臂可伸展长度约为34m，可算出48m举高喷射车东移8m，仍可以实现4节臂顶端到达罐顶的目的。若阵地东移8m，其南北方向刚好到达与607号罐相切位置，考虑到臂架的摆幅能力，几乎完全实现609号罐中心区域迎火面的冷却问题。因此，此种展开模式下，在本案例中，通过平移48m大跨度举高喷射消防车，几乎可实现罐组中心区域的冷却，冷却范围如图2-23所示。

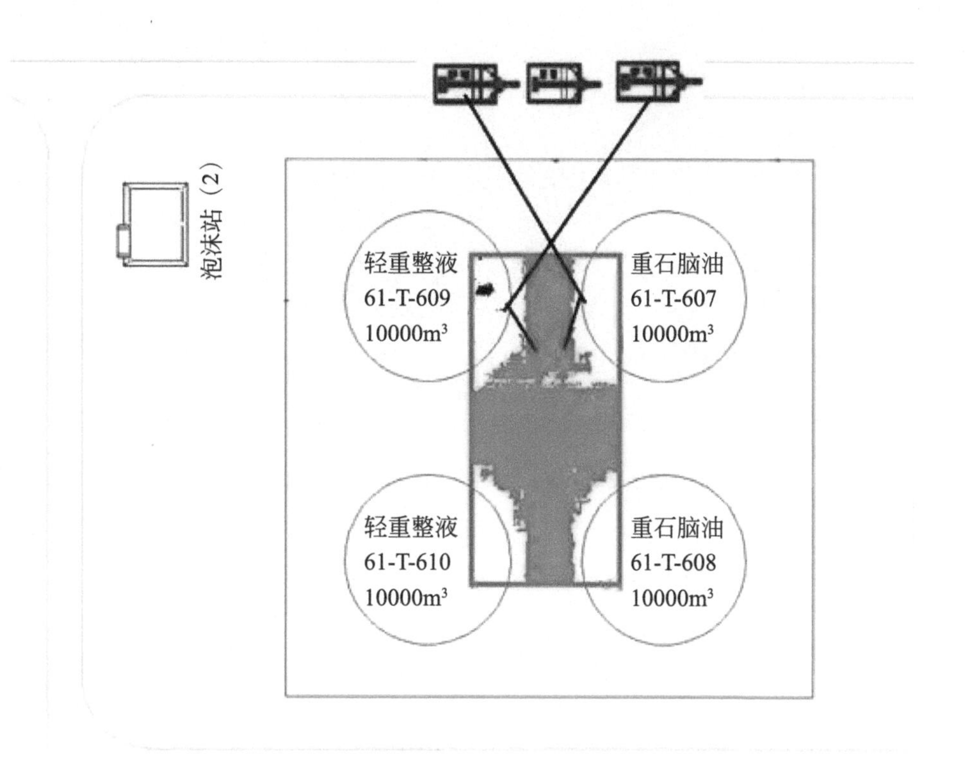

图 2-23 48m 举高喷射消防车北侧中间停靠冷却范围示意图

（二）正面探伸冷却应用分析

正面探伸冷却，将车辆停靠在罐组远端，直接将臂架深入罐组中间位置。以冷却609号罐为例，如果48m大跨度举高喷射消防车停靠在罐组东侧防火堤外中线位置，或者停靠在南侧防火堤外中心位置，如果1～6节臂完全直线展开，根据勾股定理，最长距离可深入约40m纵深，若臂顶与罐顶平高，可深入罐区约36m，随着臂架的升高，深入罐区长度越来越短。在最长40m纵深时，炮头已能到达罐组中心区域，结合射程80m，炮头旋转±45°，可以实现对于609号罐中心迎火面的冷却，607号罐亦然。如果考虑到高温影响，将臂架持续升高，虽然纵深距离会减小，但是80m射程足以覆盖整个中心区域，还可根据高度，调整最后1节臂架的角度，实现从高处吊打冷却，不但实现精准打击，而且能够实现冷却不留空白点，冷却强度满足需求。图2-24即为48m举高喷射车停靠东侧、南侧中间部位冷却范围。

图 2-24 48m 举高喷射车正面探伸冷却区域

（三）特殊地形的探伸冷却应用

在石油库区常见地势存在高低起伏，在充分利用此种特殊地形的情况下，48m大跨度举高喷射消防车能展现出较为突出的探伸冷却能力。例如，2010年大连7·16火灾现场，着火罐为100000m^{3}外浮顶罐，着火罐北侧25m处为库区院墙，而院墙外部为约20m高的外部道路。在火灾扑救中，指战员利用地势优势，在高点设置了车载水炮冷却阵地，如图2-25所示。从图中可以看出，由于横向距离较远，水炮射流效果并不好，不能实现精准打击。如在此高点

图 2-25 某油罐火灾扑救中在高点设置冷却阵地

设置48m大跨度举高喷射消防车，其横跨能力可以完全展现，跨越30～40m的水平距离没有任何难度，可以实现精确打击目标，实施探伸冷却。

第三节　大跨度举高喷射消防车精准打击扑救油罐火灾战术应用

除了冷却应用外，大跨度举高喷射消防车在油罐火灾扑救中也起到关键作用，对于外浮顶油罐环形火、罐体死角火势、敞开式燃烧火灾都有很好的扑救效果，可节约泡沫灭火剂，提升灭火效率。

一、油罐火灾灭火战术需求分析

（一）外浮顶油罐密封圈火灾的精准灭火

外浮顶油罐发生火灾通常为密封圈火灾，火势不大，可以通过固定泡沫灭火系统实施灭火，如图2-26所示。但当风力较大且液位较低时，从罐顶喷射的泡沫较为容易飘散，灭火效果较差。如果固定泡沫灭火系统失灵或损坏，还可以采取登罐灭火的方式扑救密封圈火灾。然而，登罐灭火的方式要求在火灾初期实施，非常容易错过，当燃烧时间较长后再实施登罐灭火，危险性

图 2-26　外浮顶油罐密封圈火灾

较大，不建议采取此战术方法。此时扑救密封圈火灾可用高喷消防车喷射泡沫灭火，但是由于高度差、风力影响和热辐射影响等因素，泡沫非常容易破灭，起不到覆盖的作用；另外，泡沫还很容易打到浮船上，不但不能灭火，还有导致浮船沉船的危险，会导致火势蔓延扩大。由此可见，外浮顶油罐的密封圈火灾扑救的最根本战术即为靠近火点实施泡沫覆盖。

（二）罐体死角火势的精准打击灭火

由于高温、爆炸等因素的影响，油罐在发生火灾后很容易出现罐体的变形、破损，形成相对较密闭的空间，即为油罐火灾的死角火势，如图2-27所示。在形成死角火势后，由于有变形罐体的遮挡，导致泡沫液不容易覆盖到火点实施灭火，需要泡沫灭火剂的精准打击，才能够实现灭火，否则很容易引发复燃、复爆。如果不能够实施泡沫灭火，可以采取提升液面窒息和挖洞注泡沫的方式进行灭火，但是此两种操作方式，危险性较大。如果操作不慎，可能会导致油品外溢、罐体破损倒塌等二次事故。因此，在实际火灾扑救中，往往还是采取保守的泡沫灭火的方式。

图2-27 油罐变形后形成灭火死角

（三）敞开式燃烧火灾的泡沫覆盖灭火

当冷却充分，已调集足够的泡沫灭火剂、泡沫喷射器具和消防车辆后，就可以实施敞开式油罐火灾的总攻灭火。在总攻灭火时，采取的战术措施是围歼，即将大量泡沫灭火剂喷射到着火罐内，覆盖燃烧液面达到灭火的目的，如图2-28所示。

图2-28 油罐火灾扑救总攻灭火

二、油罐火灾灭火作战难点分析

油罐火灾的扑救难度非常大，不同燃烧形态存在不同的扑救难点，应采取相应的战术措施。

（一）外浮顶密封圈火灾扑救难点

外浮顶油罐的密封圈火灾火势相对较小，为环形燃烧，在扑救时可采取固定泡沫系统灭火、登罐灭火和举高喷射消防车灭火等方式，但都存在难点。

1.固定消防设施效果差

按照相关规范，油罐均设置有固定消防设施。其中，泡沫灭火系统可在火灾发生初期实施灭火，效果较好。图2-29为外浮顶油罐设置的泡沫灭火系统。

然而，当发生火灾时，固定消防设施往往由于维护保养不力或被爆炸、燃烧破坏而不能使用。即使泡沫系统完好，在油罐内油品储量较大时，着火点较高，泡沫灭火效果比较好；如果液位较低，火点很低，再加上火风压和风的作用，大量泡沫会飘散到浮船上，造成灭火剂浪费，灭火效果较差。

图 2-29 外浮顶油罐泡沫灭火系统

2.登罐灭火危险性大

登罐灭火是在固定消防设施失效时的一个非常有效的密封圈火灾灭火方式，登罐人员可将泡沫直接喷射到密封圈里，形成覆盖、窒息，然后灭火。然而，登罐灭火方式只适合初期火灾扑救，在局部密封圈火灾初期时，可以考虑实施登罐灭火，如图2-30所示。

图 2-30 外浮顶密封圈火灾登罐灭火

然而，登罐灭火的危险性非常大。按照相关要求，实施登罐灭火时，战斗人员应沿走梯下到浮船上，利用泡沫管枪实施灭火。然而，此过程中如果发生爆炸、沸溢喷溅等危险，战斗人员很难逃离。另外，由于很多油品都含有如H_2S等有毒化学品，战斗人员还有中毒危险。因此，如果错过了初期火灾，火势已经变大，不建议采取登罐方式实施灭火。

3.举高喷射消防车不精准

举高喷射消防车具有独特的优势，其阵地较高，以下压的姿态可以更好地将灭火剂打入油罐内。如图2-31所示，举高喷射消防车虽然能够把灭火剂打入油罐内，但是由于射流方向的问题，灭火剂大多数都被打到了浮船上，而不能够打到邻近罐壁的密封圈内。在这种情况下，不但不能灭火，还浪费了大量泡沫灭火剂，并且给浮船带来较大负担。

图 2-31 举高喷射消防车外浮顶罐火灾扑救

（二）死角火势扑救难点

油罐火灾的死角火势一般都是由于高温或爆炸导致的。在高温或爆炸作用下，罐体受热或者受到爆炸冲击发生变形、破损等情况，导致罐体被破坏。

1.泡沫覆盖困难

如图2-32所示，死角火势一般出现在拱顶罐和内浮顶罐火灾中，罐盖被

图 2-32 油罐火灾死角火势

部分破损容易出现此种情况。在扑救此类火灾时，泡沫可以覆盖裸露在外面的火势，但是由于局部变形导致死角部位泡沫不能覆盖。此时，明火可能并不明显，但是如果停止泡沫覆盖和冷却，死角火点就会成为点火源，导致整个油罐复燃的发生。

2.提升液面危险大

扑救油罐死角火势，还可以利用提升液面的方式进行。通过提升液面，将死角淹没，窒息灭火。在实施提升液面灭火时，应注入相同品质的油品，否则容易引起爆炸事故的发生。但是，注入油品提升液面，相当于“火上浇油”，如果不能够实现灭火，风险较大。另外，也不能够实施注水提升液面，由于水的沸点太低，注水提升液面有可能会导致沸溢喷溅的发生。无论是注油还是注水提升液面，都有溢流的风险。

3.罐壁开孔难度大

扑救油罐死角火势，还可以用在罐壁开洞，注入泡沫的方式。然而，在罐壁破洞的难度很大，操作不当可能会导致整个罐壁的坍塌，或者导致油品外溢，因此，不建议轻易尝试此种方法。

4.举高喷射消防车难以实现精准打击

举高喷射消防车可以很好地实施油罐死角火势的扑救工作。由于举高喷射消防车可以从高处喷射泡沫灭火剂，高点打击的方式较为有利于火势的扑救。然而，如果在油罐周边环境复杂、展开空间不足，需要跨越的高度和距离都很大的情况下，举高消防车的优势并不明显。如图2-33所示，举高车阵地

图 2-33 举高喷射消防车扑救油罐死角火势

距离油罐很远，虽然能够将泡沫灭火剂喷射到油罐内，但是不能够精确打击到死角火势。

（三）敞开式燃烧火灾扑救难点

1.泡沫需求量大

油罐敞开式燃烧的火灾，着火面积大，需要的泡沫液比较多。在油罐火灾扑救前期都采取冷却控制的战术措施，就是为集结足够泡沫争取时间。按照相关要求，泡沫需要覆盖着火面积30min以上，才能够确保火灾被完全扑灭。然而，从实际情况来看，泡沫灭火剂的实际用量要远大于理论计算值，泡沫需求量巨大。例如，2010年大连7·16油罐火灾扑救共调集的泡沫量高达1300吨，2015年福建漳州古雷4·6油罐火灾扑救共调集1400多吨泡沫。

2.风力影响大

在油罐火灾扑救过程中，很多泡沫没有被准确地喷射到油罐内，出现浪费情况。主要是油罐火灾现场火风压和风的影响较大，导致本就很轻的泡沫直接被吹散，形成浪费。

3.泡沫喷射形式的影响

在油罐火灾扑救现场，泡沫喷射主要依靠泡沫管枪、泡沫钩管、移动泡沫炮、车载泡沫炮和高喷泡沫炮等，如图2-34所示。在较小规模油罐火灾扑救中，可利用泡沫管枪喷射泡沫，但是对于大型油

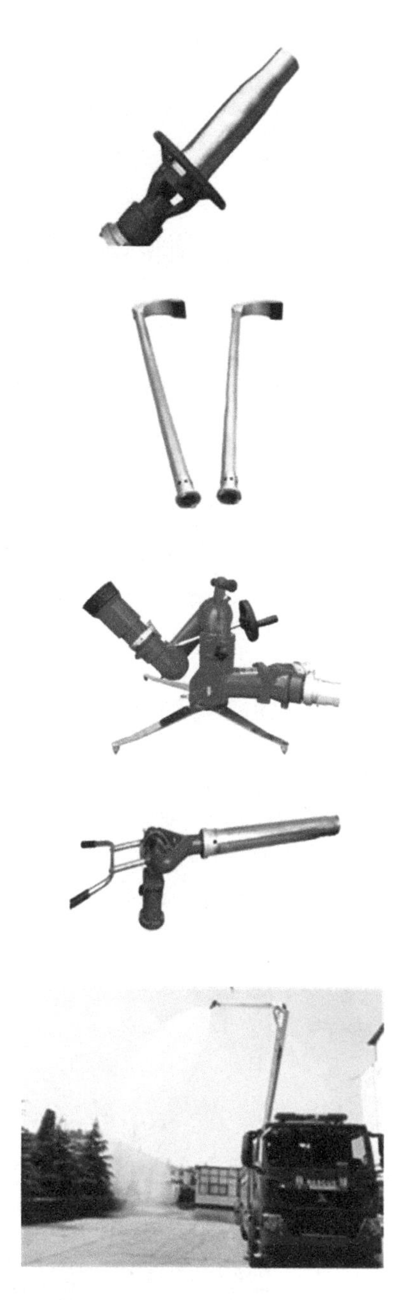

图2-34 应用于油罐火灾扑救的各类泡沫喷射器具

罐火灾，泡沫管枪流量小、射程有限，一般被泡沫炮取代。然而，移动泡沫炮和车载泡沫炮的起点较低，泡沫行程较远，导致泡沫容易破灭，且落点不够准确。相对来说，高喷炮高点向下喷射优势明显，可较容易将泡沫喷射入油罐。但是，从经验来看，只有将泡沫打在油罐内壁，流到液面逐渐堆积灭火，泡沫的用量最小，效率最高。所以，高喷车的喷射方式，并不利于将泡沫喷射到罐壁上，导致泡沫堆积困难。

三、大跨度举高喷射消防车扑救外浮顶油罐密封圈火灾应用

与常见举高喷射消防车不同，大跨度举高喷射消防车具有较强的跨越能力，多臂架结构也使得倒勾回打喷射灭火剂成为可能。应用48m大跨度举高喷射消防车扑救外浮顶油罐密封圈火灾，只需要将臂架伸展到略超过油罐边缘的高度，炮头回打泡沫至罐壁内侧即可实现泡沫的高效率应用。图2-35即为48m大跨度举高喷射消防车在3000m^{3}外浮顶油罐旁边的展开情况。可以看出，相对于跨越管廊和跨越油罐来说，将炮头探伸至油罐边缘上方比较容易，有较多的臂架剩余，完全可以实现倒勾回打，将泡沫喷射到内罐壁上，这样泡沫就可以沿着罐壁流到密封圈内，达到灭火的效果。

图 2-35 48m 大跨度举高喷射消防车跨越外浮顶油罐

如果着火油罐液位较低，泡沫沿着罐壁下流的时候有可能会被风吹散，为了能够减少泡沫浪费、提升灭火效率，在臂架剩余较多的情况下，可将炮头在垂直方向深入一定距离，会有更好的效果。如果温度过高，臂架深入罐内危险性过大，也可以调整臂架形式，将炮头水平向内探伸一定距离，然后形成回打，将泡沫喷射到邻近密封圈的上方罐壁上。

按表2-2中各类油罐的数据可知，即使是150000m^{3}的外浮顶油罐，其高度也仅为22m，水平距离防火堤不小于11m，考虑到防火堤与消防通道之间的距离，按照油罐到消防通道21m进行计算，可得举高车臂架30m时就可以到达油罐的顶部。48m大跨度举高喷射消防车的1～4节臂架长度综合约为34m，基本可以达到在留有余量的情况下，超越150000m^{3}的外浮顶油罐。这种情况下，5、6节臂架以及炮头可以轻松组成倒勾回打的姿态，形成较好的扑救外浮顶油罐密封圈火灾的灭火阵地，如图2-36所示。

图2-36　大跨度举高喷射消防车跨越外浮顶油罐倒勾回打灭火

另外，考虑到大跨度举高喷射消防车的炮头可以±45°摆动，再加上具备臂架边打边移动的能力，在跨越外浮顶油罐后，可以实现环形喷射、精准灭火的作战模式，如图2-37所示。此种作战模式，可以全覆盖整个外浮顶密封圈的环形火点，克服一点泡沫喷射，泡沫流动较慢难以闭合覆盖的难题，并且达到快速灭火的目的。考虑到泡沫炮的射程超过80m，此种环形喷射的灭火方式，理论上可以扑救100000m^{3}的外浮顶油罐（直径80m）。

图 2-37　大跨度举高喷射消防车环形喷射扑救外浮顶油罐密封圈火灾

四、大跨度举高喷射消防车扑救油罐死角火势应用

对于死角火势，最关键的方法即为将泡沫喷射入死角内，形成覆盖灭火。在诸多真实案例中，通过炮攻打火，泡沫覆盖大面积表面火势后，都是遇到了死角火不好扑救的难题，甚至导致复燃复爆的悲剧。大跨度举高消防车通过其优越的跨越能力和水平伸展能力，可以实现死角火势的精准打击，如图2-38所示。

图 2-38　大跨度举高喷射消防车扑救油罐死角火势

如前所述，利用大跨度举高喷射消防车扑救外浮顶密封圈火灾比跨越油罐冷却要容易，不需要跨过太多的水平距离，而扑救死角火势的跨越难度介

于二者之间，需要根据油罐具体死角火势的位置来确定跨越方式。当死角火势在远端靠近罐组中间部位时，可能需要全部跨越，或者转移阵地位置实施局部跨越；当死角火势在近端靠近防火堤侧时，则只要与扑救外浮顶密封圈火灾一样，实施局部跨越就可以完成精准打击的任务。

五、大跨度举高喷射消防车扑救油罐敞开式燃烧火灾应用

长期以来，扑救敞开式燃烧油罐火灾的做法均是“杀鸡用牛刀”，即在集结好大量泡沫灭火剂、泡沫喷射器具、消防车辆、作战人员，并确保火场供水的前提下，实施万箭齐发、集中力量灭火的方式，如图2-39所示。此种方式主要是考虑到大量泡沫会由于射流方式、阵地设置、风力因素等影响形成无效覆盖，迫不得已采取的策略。然而，此种方式也带来了比如泡沫的浪费、泡沫量需求巨大、火场供水困难等很多问题。

图2-39 油罐火灾扑救现场

随着装备的不断进步，技战术方法应该随之更新和变化，油罐火灾扑救方式也应该从粗犷式向精准灭火方式转换。常规举高喷射消防车受到臂架形式和跨越能力的限制，都是从上往下高态势喷射泡沫打压火势。如果距离过高或过远，都会受到影响，造成泡沫的浪费。利用大跨度举高喷射消防车独特的臂架形式和水平跨越能力，将炮头探伸到尽量靠近油罐顶部的位置，既

从侧面最大限度避开了高温的影响，也可将泡沫打入罐内避免浪费，还可以将泡沫精准喷射到内罐壁上，提升泡沫灭火效率，如图2-40所示。

图 2-40　大跨度举高喷射消防车精准扑救油罐火灾

第四节　大跨度举高喷射消防车战斗编成

在石油库火灾扑救中，车辆、装备、器材的协同配合非常重要。只有合理实现车辆、装备、器材的有机结合，充分发挥各种装备的性能，形成合力，才能确保火灾扑救过程中灭火剂的供给，提升作战效率，才能最大程度实现灭火救援的战斗力。为了达到车辆、装备、器材的协同配合，应该尽量实施编组作战，即应用战斗编成的方式。

一、战斗编成影响因素分析

在油罐火灾扑救中，战斗编成的影响因素较多，主要有以下几个方面。

（一）战术目的的影响

由于战术目的不同，灭火剂的种类需求和数量需求就会不同，因此，应该根据作战目的，明确车辆、装备的相关编组、编成。在油罐火灾扑救现场，最主要的战术目的为火场冷却和油品火灾的扑救，可按照冷却和灭火进行战斗编成。战术目的为冷却时，灭火剂为水，喷射器具多为水炮，作战车辆可为水罐消防车、泡沫消防车、高喷消防车；战术目的为灭火时，灭火剂为泡沫，喷射器具多为泡沫炮，作战车辆可为泡沫消防车和高喷消防车，但是需要水罐消防车进行供水。如果用水量较大，也可应用远程供水系统，实施供水编组。

（二）车辆、装备性能的影响

车辆、装备性能决定了力量编成方式，主要体现在泵炮流量、泵压力、车辆载灭火剂量等方面。如果主战车辆为水罐车，应用大流量水炮实施冷却，则必须编组供水车辆；如果主战车辆为泡沫消防车，则编组车辆应该既有供水车辆还有供泡沫液车辆。如果主战车辆为高喷消防车，其载水、载泡沫量往往较少，只能实现短时间作战，则需要大流量的供水和供泡沫液车辆的支持，形成稳定的作战编成。

（三）水源情况的影响

水源情况对于作战编成的影响主要体现在流量、储水量和距离三方面。在流量方面，不但要考虑单个消火栓流量，还要考虑整个管网的流量情况，即罐区消防泵的情况。单个消火栓流量越小，需要编组的供水车辆越多；罐区管网流量决定了主战阵地的数量以及天然水源的应用。在储水量方面，要考虑蓄水池的水量和天然水源情况。在距离方面，要考虑消火栓的设置密度以及天然水源的距离。消火栓密度越小，天然水源距离越远，远距离供水需求越大，接力编成车辆越多。

二、油罐火灾火场冷却战斗编成

（一）冷却战斗编成依据

48m大跨度举高喷射消防车的水炮最大流量为80L/s，载水量为2t，如果不外接水源，水炮可持续喷射25s。如果外接4条80mm水带连接消火栓，每条水带流量约20L/s，可以满足供水需求（如单个消火栓流量较大，可减少供水线路）。

（二）冷却战斗编成模式

如果厂区内单个消火栓流量可达到40L/s，则可以采取供水车辆分别出双干线给前方主战举高喷射消防车供水的方法，水炮编成可以采取如图2-41所示的SP-121式编成，即1个供水车辆占据一个水源，分别出2条双干线向前面主战车供水，主战车自己占据一个消火栓，确保供水流量，主战车辆出1门高喷水炮，对油罐实施冷却、降温。

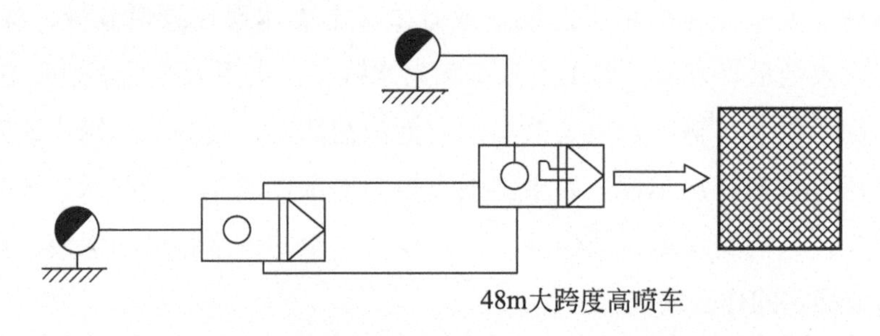

图2-41　48m大跨度举高喷射消防车SP-121式水炮编成

如果水源较远，主战车周边没有消火栓，也可以采取图2-42所示的SP-221的方式进行力量编成，即2个供水车辆，分别占据消火栓，分别出双干线向主战车供水，主战车不占据消火栓，出1门高喷水炮，实施冷却。

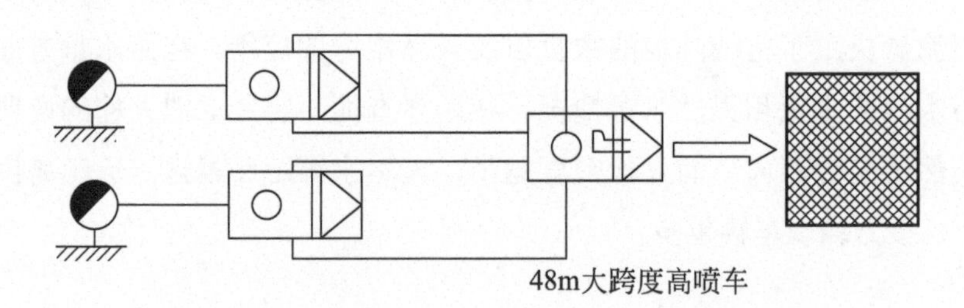

图2-42　48m大跨度举高喷射消防车SP-221式水炮编成

（三）冷却战斗编成示例

考虑到油罐的圆形结构，受角度限制，水炮的冷却范围受到限制。如果利用移动水炮，其冷却长度一般取20m的控制长度较为合理，但是考虑到大跨度举高喷射消防车的跨越能力、倒勾回打姿态、边动边打的能力以及水炮的大流量状态，其冷却范围保守估算可达到35～40m。

以某石化公司044#二甲苯5000m³储罐为例，其直径为20m，周长可算得为62.8m，则大跨度举高喷射消防车可通过跨越冷却或探伸冷却的方式，冷却接近一半周长的着火油罐或邻近油罐，力量部署可按图2-43所示。

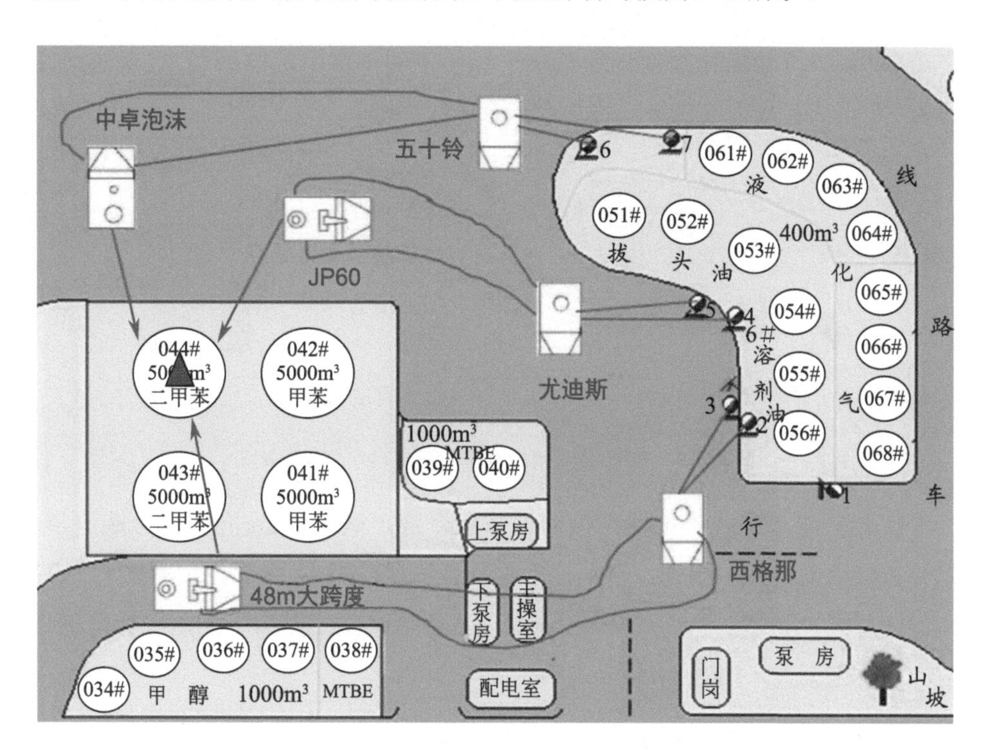

图2-43 某石化公司044#二甲苯5000m³储罐冷却力量部署图

三、油罐火灾扑救战斗编成

（一）灭火战斗编成依据

油罐火灾扑救可按照着火面积计算泡沫原液和水用量，原则上应至少保持泡沫供给强度为1.0L/（s·m²），应用泡沫覆盖火点30min，才能够达到灭火的目的。按照理论计算，PQ8泡沫管枪可覆盖50m²的火势，PP24消防泡沫炮可覆盖150m²的火势，PP32可覆盖200m²的火势，PP48可覆盖300m²的火势，以此类推。

（二）灭火战斗编成模式

通过计算可知，48m大跨度举高喷射消防车单独作战，按最大80L/s泡沫混合液流量喷射，可持续喷射泡沫约3.47min，如果20t泡沫原液车供给泡沫原液，则可持续喷射69.4min。结合实际情况，泡沫炮的编成方式可以为泡沫原液直接供给编成，可编号为PP-111，即1辆供水车辆占据1个消火栓双干线给主战车供水，1辆泡沫原液供给车单干线给主战车供给泡沫原液，1辆主战车占据1个消火栓喷射泡沫，如图2-44所示。

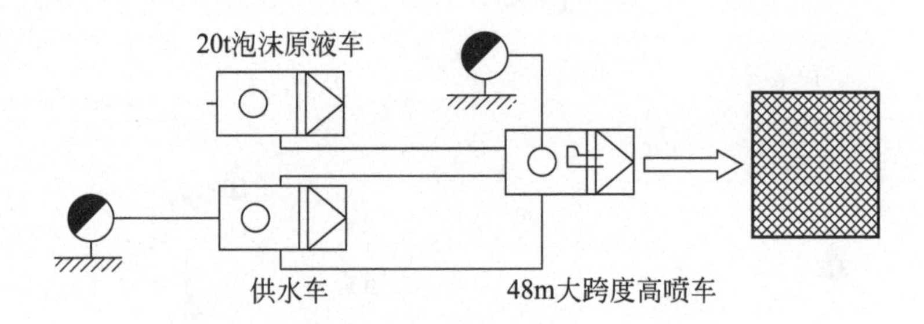

图2-44 大跨度举高喷射消防车PP-111式泡沫炮编成

如果采取泡沫消防车持续供给泡沫混合液，确保80L/s泡沫混合液流量，则可持续喷射泡沫。因此，可形成泡沫混合液供给编成，编号为PP-221，即2辆泡沫车分别占据1个消火栓，分别双干线供给泡沫混合液，1辆主战车辆喷射泡沫实施灭火，如图2-45所示。

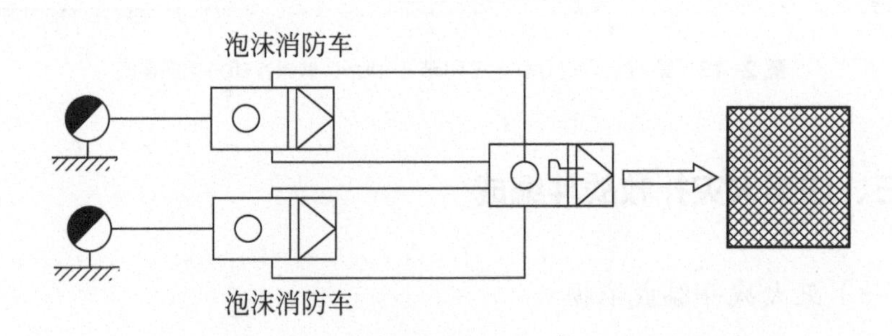

图2-45 大跨度举高喷射消防车PP-221式泡沫炮编成

（三）灭火战斗编成示例

以长岭石化5000m^3二甲苯油罐为例，油罐直径为20m，则敞开式燃烧的着火面积$A=\pi r^2=3.14\times100=314$（$m^2$）；按照灭火供给强度1.0L/（s·$m^2$）进行计算，则泡沫喷射器具覆盖314m²即可满足需求，计算可得泡沫混合液流量应该至少为56L/s，则6%泡沫原液瞬时流量≥3.5L/s，水的瞬时流量≥53L/s，覆盖30min泡沫原液总量6.1t，水总量为95t。48m大跨度举高车的泡沫混合液流量为80L/s，覆盖面积为500m²，在确保泡沫液供给情况下，完全可以单独作战实施灭火，如图2-46所示。

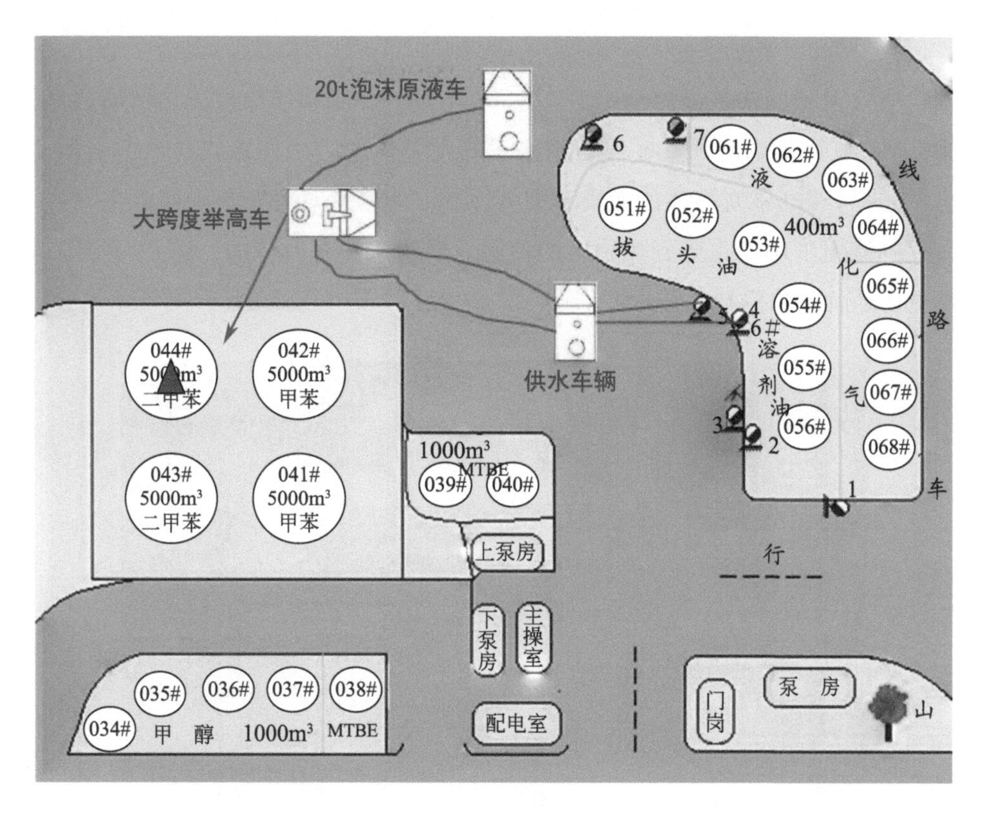

图 2-46　044# 5000m³二甲苯储罐灭火力量部署图

第五节　典型战例复盘与应用示例

一、基本情况

2015年4月6日18时56分，福建古雷某石化基地3个油罐发生爆燃事故。在火灾扑救过程中，处置力量采取了初期冷却、登罐灭火、总攻灭火、打击死角火势等多个作战阶段，应用了不同的战术方法，其间发生了多次油罐复燃、油罐破裂、流淌火漫流等危险情况。

二、初期火灾冷却

（一）火灾情况

在火灾初期，着火罐组内四个油罐中，607、608、610号三个储罐燃烧，609号罐被直接烘烤，罐区固定消防设施受损严重，如图2-47所示。由图可见，609号油罐岌岌可危，如果不充分冷却，可能会导致燃烧、爆炸的发生。邻近的罐组内油罐也受到热辐射的威胁，应该进行充分冷却。总之，冷却抑爆是初期阶段的重点任务。

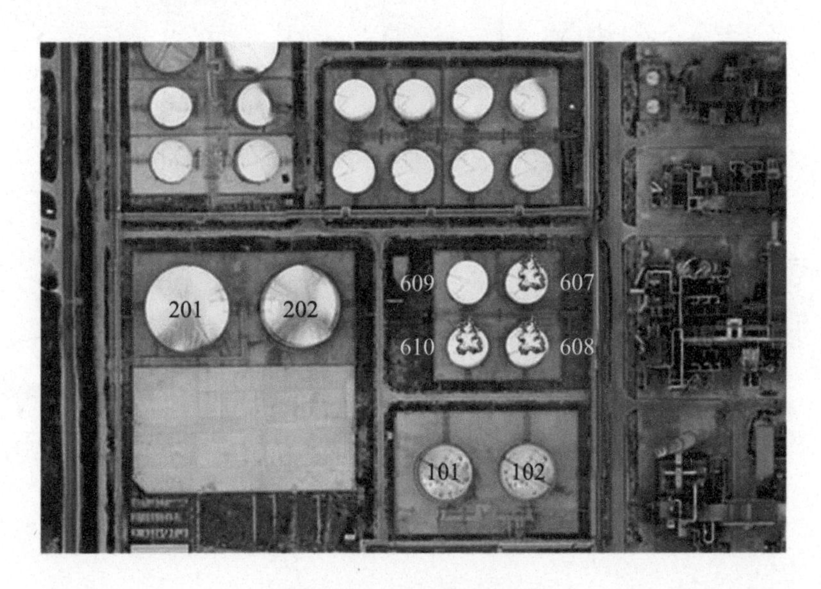

图2-47 火灾初期火势情况

（二）冷却情况

根据初期火灾情况，初战力量到场后，出2门水炮冷却中间罐区内尚未燃烧的609号罐，1门水炮冷却202号罐，2门水炮冷却燃烧罐区下侧风方向101和102号罐，组织专职队出水炮冷却已发生爆炸的吸附分离装置区，如图2-48所示。

图 2-48 火灾初期火势冷却情况

由图2-48可见，虽然为了阻截火势蔓延变大，避免发生爆炸和沸溢喷溅，采取了冷却措施，但火灾扑救初期作战力量明显不足，冷却阵地效果较差，不但不能够确保完全、无死角冷却，冷却强度也明显不够。

（三）大跨度举高车的应用分析

在着火罐组内，四个油罐中有三个油罐已经燃烧，未燃烧的609号油罐危险性最大。但是，受到角度和喷射器具性能的限制，应用水炮、车载炮和普通高喷消防车的冷却效果都很差，609号油罐的迎火面很难被充分冷却，如图2-49所示。

图 2-49 火灾冷却实景图

由图2-49可见，609号油罐的迎火面很难被冷却到。为了实现609号油罐迎火面的充分冷却，可以应用大跨度举高消防车实施跨越冷却。着火罐区西侧通道与防护堤之间距离约30m，609号罐距离防火堤10m，水平距离共40m，48m大跨度举高喷射消防车不可能实现在罐区西侧跨越609号罐实施回打冷却。在609号罐正北侧，通道距离罐约25m，考虑到罐高度约17m，为实现跨越，举高喷射车臂架高点设定为20m，通过勾股定理，可以算出从高喷车到达20m高点需要的距离为32m。为了实现32m的长度，跨越20m的高度，48m大跨度举高喷射消防车应该应用1～4节臂完全伸展到达罐顶，此时四节臂总长度约34m，满足需求。因此，剩余臂架长度不到10m。此时，炮头已经可以到达609号罐上方，再利用水炮的射程，可将水喷射到罐顶，水可顺势流到迎火面罐壁，也可以起到较好的冷却作用。

此时，由于没有实现完全跨越，可将大跨度举高喷射消防车往东、西两侧平移，随着阵地的移动，1～4节臂可适当调整角度，增强冷却效果。冷却范围不但可以冷却到609号罐南侧迎火面，由于609号罐和610号罐之间的间隔只有15m，而水炮的射程能够达到80m，并且水炮可以±45°摆动，因此，还可以以这种阵地设置模式，冷却到610号罐的北侧迎火面，由此可见，如果在609号罐北侧以及610号罐南侧分别设置多个大跨度举高喷射消防车，采取上述跨越模式进行射水，可大幅度提高冷却范围，确保油罐迎火面的冷却效果。按照每门水炮可冷却25m周长，2部大跨度举高消防车可以完成冷却四分之三周长迎火面的冷却任务。

三、102号外浮顶罐灭火

（一）火灾情况

在火灾现场，罐组南面间隔55m处为常渣油罐组，由于处于下风方向，且着火罐组火势较大，常渣油罐组内编号102号20000m^3外浮顶储罐橡胶密封圈被热辐射引燃，如图2-50所示。

（二）灭火情况

在罐体固定泡沫设施损坏、地面喷射泡沫灭火效果不佳的情况下，消防

图 2-50 古雷 102 号外浮顶罐密封圈火灾

支队精干力量实施登罐灭火，成功将火扑灭。登罐灭火虽然是扑灭外浮顶密封圈火灾效果较好的战术方法之一，但是有很多不确定因素，有较大危险性。

（三）大跨度举高车应用分析

举高喷射车是扑救外浮顶罐密封圈火灾的利器，但是由于展开空间、油罐大小、液位高低等情况不同，导致普通举高喷射车难于将泡沫从上往下精准打击火点，还有可能将大量冷却水或泡沫喷射到罐内浮船上，造成浮船倾覆危险。因此，可以应用大跨度举高喷射消防车实施跨越后的精准打击。

102 号外浮顶罐高 17.8m，直径 40.5m，罐组内罐与罐间距 19.5m，防护堤长 136m，宽 89m，高 2.2m，如图 2-51 所示。由图可见，常渣油罐组内两个油罐均为满罐存储状态。

图 2-51 常渣油罐组俯视图

如果将48m大跨度举高喷射消防车停靠在102号罐正北侧，计算可得，其距离102号罐的水平距离约为30m，根据勾股定理，伸展到罐顶需要举高车臂架长度约为34m，而48m大跨度举高喷射消防车的1～4节臂架总长度刚好为34.2m，第5节臂架长度约为6.5m，完全可以跨越外浮顶罐走道，剩余第6节臂架为3m，可以实现继续深入罐内。也就是说，通过此种展开方式，5、6节臂架可以完全水平深入罐内约10m距离。通过角度调节，可以实现6节架臂的倒勾回打，将泡沫打到邻近罐壁上，使泡沫沿着罐壁流到密封圈内，实现覆盖灭火，如图2-52所示。

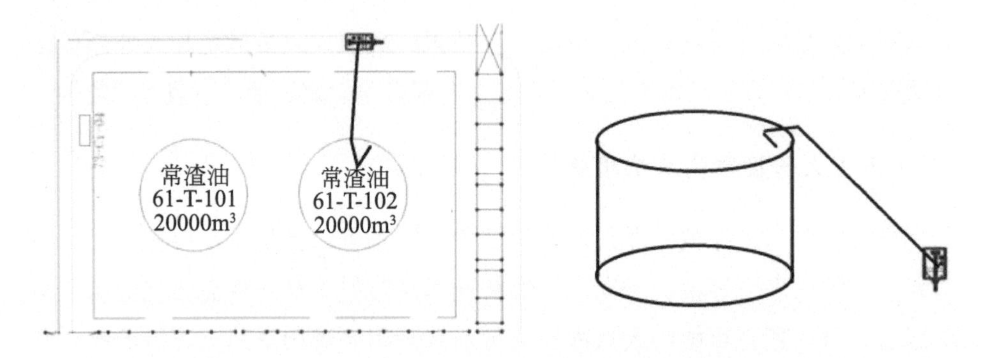

图 2-52 48m 大跨度举高喷射消防车停靠 102 号罐北侧臂架倒勾灭火图

四、总攻灭火

（一）火灾情况

在救援力量集结过程中，607、608、610号油罐一直处于猛烈燃烧状态，如图2-53所示。

（二）灭火情况

2015年4月7日9时30分，在现场实施充分冷却的情况下，现场力量按照“先上风、后下风”的战术原则，按照607、608、610号的顺序实施灭火。在扑救607号油罐火灾时，除了北侧的阵地，在油罐东侧也设置了灭火阵地。但是由于油罐东侧为管廊，灭火阵地需要跨越管廊将灭火剂喷射到着火罐内，如图2-54所示。

图 2-53 古雷着火罐组猛烈燃烧

图 2-54 着火罐组东侧跨越管廊灭火阵地

该管廊距离着火罐区约30m，管廊高约12m，普通高喷消防车跨越喷射灭火剂效果不好，大量灭火剂被吹散、破灭，不能够实现精准打击，灭火剂不能够准确喷射到着火罐内。为了能够达到好的灭火效果，本案例应用了强臂破拆车在东侧管廊与着火罐区30m范围内设置了高喷阵地，取得了一定的冷却、灭火效果。然而，由于阵地过近，在流淌火突然来袭时，强臂破拆车未能够及时撤退，被大火吞噬，如图2-55所示。

图 2-55 被流淌火烧毁的强臂破拆车

（三）大跨度举高消防车应用分析

为了能够实现精准打击火势，减少灭火剂的浪费，并远离流淌火的威胁的目的，可以利用大跨度举高消防车设置阵地，进行灭火。48m大跨度举高喷射消防车，6节臂架的长度分别为9980mm、7465mm、7075mm、9710mm、6480mm和3065mm，支腿全展跨距9.8m，工作幅度为42.5m，从此参数可以看出，东侧通道可支持此举高喷射车的完全展开，按照臂架长度可算出1、2节臂架竖直展开状态超过17m，再加上车体本身高度，1、2节臂架高度接近20m，因此，完全可以实现跨越12m高的管廊，并且还可以确保车辆与管廊之间的一定的安全距离，1、2节臂架还可以倾斜一定角度。此时，1、2节臂架的高度与本案例中着火罐高度平齐，甚至略高一点（取决于1、2节臂架的角度）。3、4、5、6四节臂架的总长度超过26m，如果以完全与1、2节臂架垂直的方式，即与地面水平的方式展开，不但完全跨越了12m高的管廊，还跨越了大半的水平距离，已非常接近着火罐区，如图2-56所示。

由于此时炮头高度超过着火罐，炮头距着火罐约15m，炮的射程超过80m，因此，应用水炮、泡沫炮实施冷却或灭火会非常容易。48m大跨度举高喷射消防车展开模式如图2-57所示。

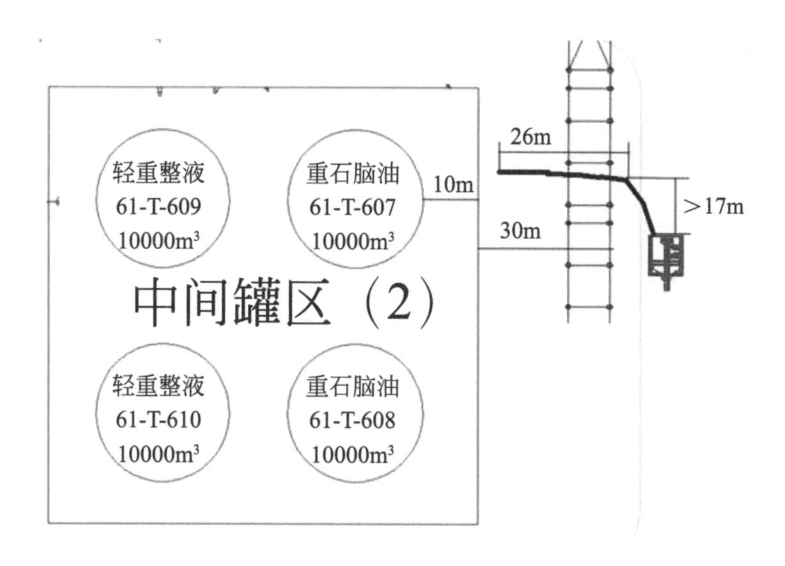

图 2-56　48m 大跨度举高喷射消防车跨越东侧管廊示意图

图 2-57　48m 大跨度举高喷射消防车 1、2 节臂垂直、4 ~ 6 节臂水平展开模式

如果大跨度举高喷射消防车按照80L/s的泡沫混合液流量喷射泡沫，则其覆盖面积为500m^2，而10000m^3油罐直径为30m，面积为706.5m^2，则需要2部大跨度举高喷射消防车进行火灾扑救。按照古雷现场情况，可在罐组四个方向各停靠1部大跨度举高喷射消防车，确保扑救每个油罐火灾时，都可以被2

门泡沫炮覆盖。

五、死角火势打击

（一）火灾情况

在火灾扑救中，由于608号罐装载的油料数量较少，仅为1837m^3，因此，在火灾扑救过程中，608号罐最先出现了倒塌现象。油罐倒塌后，由于向心力的作用，罐体出现了向内弯曲变形，从而导致了油罐内部存在火灾死角，这也是后期不断复燃的一个重要原因。如图2-58所示，变形倒塌导致油罐高度降低，并出现死角。

图2-58 608号罐变形倒塌情况

（二）灭火情况

油罐火灾死角火的扑救非常困难，依托高喷炮、泡沫炮都很难将泡沫液准确打击到死角范围内，从而成为隐患。在以往的油罐火灾扑救过程中，扑救油罐的死角火灾往往采取登罐灭火的方式。消防员利用走梯或者架设梯子实施登罐，利用泡沫管枪或者泡沫钩管实施死角火的扑救。然而，登罐灭火危险性比较大，古雷火灾又属于多罐燃烧情况，不适宜采取登罐灭火。为了能够扑救死角火势，必须能够实现精准打击，大跨度举高喷射消防车可以实现此功能。

（三）大跨度举高消防车应用分析

在计算大跨度举高消防车跨越冷却609号罐的情况时，设置的臂架到达高度为20m。而在608号罐变形倒塌之后，其高度变为原来罐高16.58m的一半，保守起见，可将高度设置为10m。将48m举高喷射车设置在608号罐正南侧通道上，距离罐壁约20m。通过勾股定理进行计算，若臂架想伸展到罐顶，需要臂架长度为25m，且1、2节臂架的总长度就可以满足高度需求，则3、4、5、6四节臂架可自由伸展，因此，此种展开方式下，基本可以跨越608号罐大部分区域，配合水炮的±45°旋转、80m射程，以及阵地的水平移动，基本可实现所有死角火势的精准打击，可将泡沫在极少浪费的情况下灌入罐内，如图2-59所示。由于死角火势一般都较小，1门泡沫炮足以扑灭。

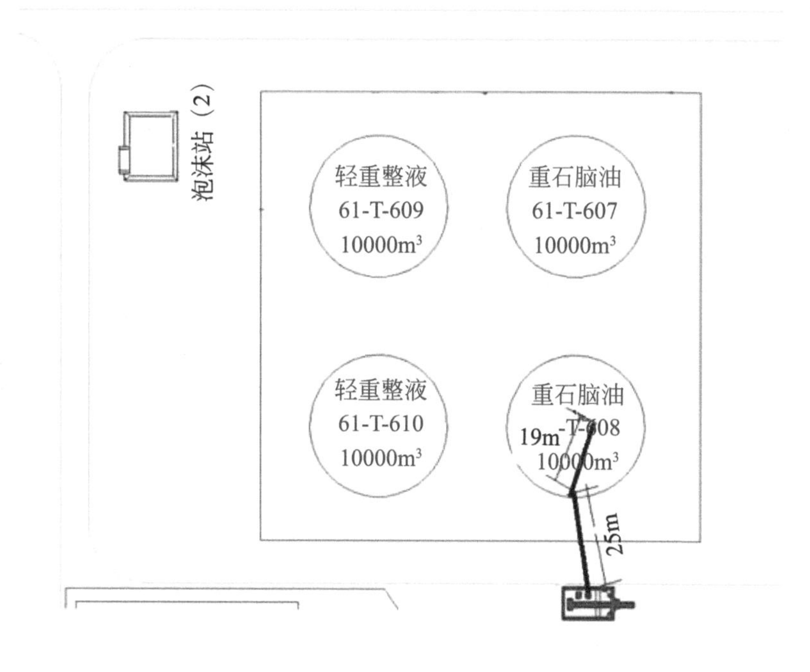

图2-59 48m大跨度举高喷射消防车精准打击608号罐死角火势示意图

综上所述，在石油库火灾扑救中，大跨度举高喷射消防车可以实施跨越管廊设置阵地，实施跨越油罐冷却、探伸冷却和精准打击等战术应用。基于上述用法，充分体现了大跨度举高喷射消防车的技术优势，可在一定程度上解决石油库火灾扑救的难点。另外，针对石油库火灾扑救中的冷却、灭火需求，进行了战斗编成的研究，并以某石化厂区为例进行了示例说明。最后，针对油罐火灾案例进行了复盘研究，说明了大跨度举高喷射消防车的关键战术作用。

第三章

液化石油气储罐火灾扑救技战术应用

液化石油气储罐事故包括泄漏和火灾两种事故形态。如果发生液化石油气的泄漏事故，由于气体液化石油气密度比空气大，泄漏的气体会沉积、聚集在地面。液化石油气的爆炸下限只有1.5%，发生泄漏事故后，非常容易达到爆炸下限，特别是低洼处的浓度往往比较高，容易形成混合性爆炸物。如果发生液化石油气的火灾事故，往往形成喷射火或者地面流淌火，热辐射烘烤着火罐和邻近罐，储罐有可能会发生超压爆炸。由此可见，液化石油气储罐发生事故后，泄漏气体的控制、稀释、驱散，以及受热辐射影响较大的储罐的冷却是事故处置的重点和难点任务。

第一节 大跨度举高喷射消防车冷却战术应用

在液化石油气储罐事故处置现场，充分冷却是防止爆炸发生的重要措施。

一、液化石油气储罐火灾扑救冷却战术需求分析

在扑救液化石油气储罐火灾时，如果不能够确保及时切断泄漏源，则不应该轻易灭火。如果将火点扑灭又不能切断泄漏源，事故状态可能会由火灾转变成泄漏。泄漏气体难以控制，四处扩散并集聚，如果点火源控制不力，化学爆炸危险性变大。但是，如果放任火势不管，热辐射有可能会导致液化石油气储罐发生物理爆炸，火势也有可能会进一步蔓延变大。因此，液化石油气储罐火灾现场必须实施充分冷却，控制燃烧。

（一）冷却是避免液化石油气储罐爆炸的重要手段

液化石油气储罐是压力容器，当其满罐存储时，罐内压力可达1.0MPa以上。如果液化石油气储罐发生火灾，有可能为罐顶的喷射火（如图3-1所示），也有可能为罐底泄漏火灾（如图3-2所示），也有可能为喷射火和泄漏火同时发生。无论哪种火灾，其热辐射都会使得罐内压力升高。然而，相对比罐顶的泄漏后发生的喷射火灾，储罐底部发生泄漏火灾时，火势直接烘烤液化石油气储罐，罐内压力会快速增加，超压爆炸危险增加。为了避免发生超压爆炸，应该对罐体进行全面冷却，降低储罐的温度，减少热辐射的影响。

图3-1 液化石油气储罐罐顶喷射火

图3-2 液化石油气储罐罐底泄漏火灾

（二）液化石油气储罐火灾需要实施全面积冷却

与石油储罐冷却不同，由于液化石油气储罐是球形储罐，其发生火灾后的冷却不能再按照周长进行计算，而应该按照面积进行计算。也就是说，为了达到全面冷却的效果，液化石油气储罐应该按照上下半球分别进行冷却。如果只冷却液化石油气储罐的上半球，冷却水沿着罐壁流淌到赤道附近时，大部分水将直接散落到地面，不能负角度继续覆盖下半球，如图3-3所示。因此，液化石油气储罐的冷却，需要的冷却技术难度更大，容易出现冷却空白点。从图3-3可以看出，液化石油气储罐想要全面冷却，需要多个冷却阵地，阵地设置和火场供水都有难度。

图 3-3 液化石油气储罐冷却情况

（三）钢结构支架也需要冷却

液化石油气储罐都有支柱支撑，这些支架都是钢结构，起到固定液化石油气储罐的目的。如果发生火灾后，热辐射直接烘烤液化石油气储罐的支柱，支架受热失去承重能力，则储罐存在倾倒的危险。如果发生液化石油气储罐的倾倒，必然会发生管线的破损，可能会连带发生泄漏、燃烧、爆炸事故，如图3-4所示。因此，在冷却液化石油气储罐的同时，也需要冷却液化石油气储罐的支柱。

图 3-4　液化石油气储罐倾倒

（四）冷却水射流要求

液化石油气储罐火灾冷却是按面积实施的，为了确保冷却均匀的战术要求，必须将冷却水覆盖每一块面积。为了确保冷却强度，且减少冷却水的浪费，冷却水不应该直接喷射（如图3-5所示），应该让其越过抛物线的顶点，顺着罐壁方向流淌，避免造成反射浪费。并且，冷却时应及时左右、上下摆动水枪、水炮，使冷却水覆盖所有面积和支柱。

图 3-5　液化石油气储罐火灾扑救冷却射流

二、液化石油气储罐火灾扑救冷却作战难点分析

（一）罐组的中心区域难以冷却

与石油库相同，液化石油气储罐罐组内也是多个罐组合在一起。如果着火罐位于一个罐组内，罐组内有多个油罐，则由于受到罐布局影响，罐组的中心区域是最难以冷却的区域。如果利用常规的水枪、水炮和高喷炮进行油罐冷却，受到水枪、水炮的射程限制，中心区域很难被冷却到；受到防火堤和液化石油气储罐的阻碍，高喷炮的射水也难以喷射到中心区域。如图3-6所示，着火罐为6号液化石油气罐底部，泄漏的液化石油气造成大面积火灾。邻近的3号、4号、5号、7号、8号储罐均为受热辐射影响较大的储罐，应该实施冷却，但是由于障碍和遮挡，中间区域的冷却比较困难。

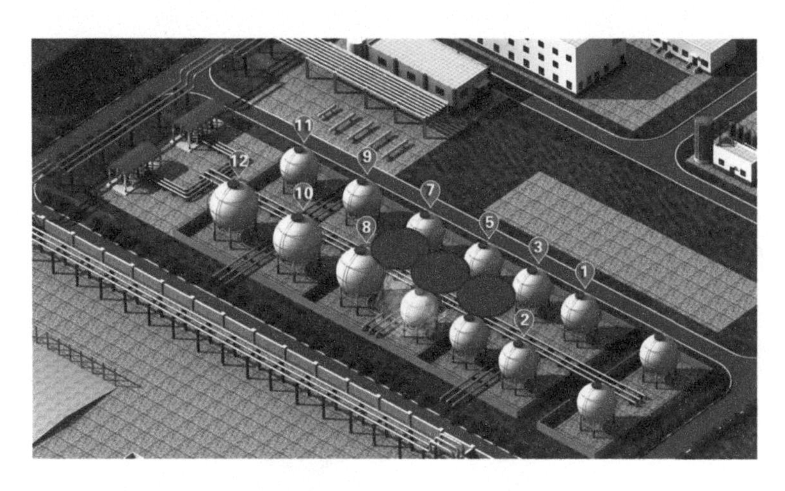

图3-6 液化石油气储罐罐组内冷却难点部位（红色）

（二）近距离冷却危险性较大

为了实现液化石油气储罐的全面积冷却，有的火灾现场采取了近距离设置阵地实施冷却的方法。如图3-7所示，冷却阵地被设置在防火堤内，此种方法可以完成中心区域的冷却，但是现场可能随时会发生爆炸，危险性很大，不建议应用近距离设置阵地的方法进行冷却。

图 3-7 液化石油气储罐火灾扑救近距离设置冷却阵地

（三）全面冷却需要设置多个阵地

液化石油气储罐多为球罐，如果实施全面冷却，需要分别冷却球罐的上半部、下半部以及支柱。由于有防火堤和周围罐区的限制，冷却时至少应该在4个方向设置阵地，考虑到要分别冷却球罐的上半部和下半部，则至少应该设置8个水枪阵地。其中，冷却球罐下半部的阵地还要兼顾冷却支柱。由此可见，液化石油气储罐的全面冷却需要多个水枪阵地，阵地设置与火场供水难度较大。图3-8为液化石油气储罐冷却演练现场，可以看出，只是冷却球罐上半部不能够确保没有空白点。

图 3-8 某液化石油气储罐演练现场冷却阵地设置

三、大跨度举高喷射消防车跨越冷却应用

与跨越冷却油罐火灾相同，在液化石油气火灾扑救中，大跨度举高喷射消防车也可以应用跨越的方式实施冷却。由于液化石油气罐体相对较小，跨越冷却更容易实现。

（一）48m大跨度举高喷射消防车的臂架性能参数

48m大跨度举高喷射消防车，6节臂架的长度分别为9980mm、7465mm、7075mm、9710mm、6480mm和3065mm，除了第6节臂架，其余臂架之间的夹角都可以达到180°。当展开时，最小展开跨距3.3m，工作幅度为28m；单侧支撑跨距6.3m，工作幅度为41m；支腿全展跨距9.8m，工作幅度为42.5m。大跨度举高喷射消防车具有较强的跨越能力，工作幅度和臂架形式都有利于跨越作战。

（二）大跨度举高喷射消防车跨越能力分析

常见的液化石油气储罐体积多为1000m^3、2000m^3和3000m^3。其中，1000m^3球罐的直径约为14m，2000m^3球罐的直径约为16m，3000m^3球罐的直径约为18m，加上支柱的高度，1000m^3球罐的高度约16m，2000m^3球罐的高度约为18m，3000m^3球罐的高度约为20m。如果应用固定水炮、移动水炮或车载炮进行冷却，其覆盖范围为邻近球罐一侧，如图3-9所示。上述分析的罐组中间迎火面的冷却属于薄弱区域，很难确保冷却强度。

图3-9 液化石油气储罐的水炮冷却

如果应用举高喷射消防车进行冷却，举高车可以从上向下进行打击，但是也不能直接解决充分冷却迎火面问题，如图3-10所示。此时可以跨过液化石油气储罐，打击对面油罐的迎火面，但是，此种方法不够精准，会造成大量冷却水的浪费。

图3-10 液化石油气储罐举高喷射消防车冷却

48m大跨度举高喷射消防车跨越16m或者20m的高度非常轻松，通过1、2节臂垂直，3节臂倾斜，4、5节臂水平的展开方式就可以实现，如图3-11所示。在此种展开模式下，既可以冷却对面液化石油气储罐，也可以6节臂倒勾回打，冷却本侧液化石油气储罐的迎火面，应用灵活，冷却充分。

图3-11 48m大跨度举高喷射消防车臂架展开

另外，鉴于大跨度举高喷射消防车的水平跨越能力，可以通过跨越，克服地形、地势限制，实现近距离精准冷却，如图3-12所示。

图 3-12 48m 大跨度举高喷射消防车跨越地形、地势限制冷却

四、大跨度举高喷射消防车“淋浴式”冷却应用

液化石油气储罐多为球罐，冷却需要按面积进行计算，确保全面冷却。如上所述，受到液化石油气储罐和防火堤的阻隔作用，需要至少在4个方向分别设置阵地，并且要兼顾冷却液化石油气储罐上半部和下半部，则共需要至少8个冷却阵地，阵地多，供水难度大。为了解决这个难题，可以利用大跨度举高喷射消防车的跨越能力，实施精确打击，开展“淋浴式”冷却方法，即将炮头伸展到液化石油气球罐顶部，利用喷雾水的方式，从上向下实施冷却，如图3-13所示。

图 3-13 大跨度举高喷射消防车“淋浴式”冷却模式

大跨度举高消防车的“淋浴式”冷却模式，实现了大量冷却水从液化石油气储罐罐顶向下均匀冷却的目的，可以完全覆盖到液化石油气储罐的上半部，替代了从四个方向分别设置冷却阵地的战术方法，降低了供水难度，达到了较好的冷却目的。

此种大跨度举高喷射消防车的“淋浴式”冷却模式是其他举高喷射车不能替代的。图3-14为某液化石油气储罐火灾扑救现场普通高喷消防车的应用情况，我们可以看到，受到臂架形式和水平跨越距离的限制，举高消防车虽然实现了从高处向下打击的目的，但是其不能够准确地将炮头探伸到液化石油气储罐的正上方，并实施“淋浴式”冷却。其控制范围只是邻近的液化石油气储罐上半部分的表面积，比“淋浴式”冷却方式的覆盖面积少了一半以上。如果应用60m伸缩臂高喷消防车进行冷却，虽然可以实现将炮头设置在液化石油气储罐正上方，但是会因为高度过高，而导致冷却效果不好，如图3-14所示。另外，从高空喷射大量水冷却液化石油气储罐，其冲击能力带来的安全威胁不可忽视。由此可见，大跨度举高喷射消防车凭借其多臂架结构和优越的跨越能力，实施液化石油气储罐的“淋浴式”冷却，是不可替代的。

图3-14　某液化石油气储罐火灾举高喷射消防车冷却阵地

第二节　大跨度举高喷射消防车稀释抑爆战术应用

如果液化石油气储罐发生了泄漏事故，其危险性大于火灾事故，应采取喷雾水稀释、驱散的方式，降低液化石油气浓度，并禁绝火源，防止爆炸事故的发生。

一、液化石油气储罐泄漏稀释、驱散战术需求分析

喷雾水的稀释、驱散、阻隔作用是抑制液化石油气发生爆炸的重要手段。

（一）喷雾水可以阻隔液化石油气的扩散

在液化石油气泄漏事故处置中，经常利用水幕水带、屏障水枪、喷雾水枪等设置喷雾水阵地，限制液化石油气的扩散，减小液化石油气的波及范围。实验和实战均表明，喷雾水阵地设置可有效阻隔液化石油气的扩散。因此，利用喷雾水阵地，将液化石油气泄漏点进行包围，可以达到较好的阻隔、限制作用，如图3-15所示。

图3-15 液化石油气泄漏喷雾水阻隔阵地

（二）喷雾水可以稀释液化石油气浓度

液化石油气泄漏事故现场的最大危险即为化学爆炸，由于液化石油气的爆炸下限很低，只有1.5%，因此泄漏少量的液化石油气就很容易形成爆炸性混合物，遇到火源立即发生爆炸，爆速很快，爆炸威力非常大。通过设置喷雾水阵地限制了液化石油气的波及范围后，还应该利用喷雾水进行稀释，大量的水雾与液化石油气混合，降低了液化石油气的浓度，也减小了爆炸发生的可能，如图3-16所示。

图 3-16 液化石油气泄漏喷雾水稀释

（三）喷雾水可以驱散泄漏的液化石油气

气态液化石油气比空气重，在低洼处较为容易聚集，容易达到爆炸浓度。在控制住液化石油气的泄漏后，应该积极驱散液化石油气，可利用正压送风的方式进行驱散。但是，利用喷雾水进行驱散更为安全，同时可以起到稀释的作用，如图3-17所示。

图 3-17 液化石油气泄漏喷雾水驱散

二、液化石油气储罐泄漏稀释作战难点分析

（一）阵地太近危险性较大

利用喷雾水阵地进行阻隔、稀释、驱散时，必须靠近储罐设置相关阵地，如图3-18所示。但是，由于液化石油气的燃爆特性，靠近储罐设置阵地危险性非常大。一旦操作不慎，例如水枪阵地扫射引发物体碰撞产生火花，就有可能引发爆炸。另外，大量液化石油气泄漏现场，还有窒息危险。

图3-18　液化石油气泄漏事故处置现场

（二）水幕阵地设置难度大

由于液化石油气罐区一般都是多罐形式，并且设置防火堤（如图3-19所示），想利用喷雾水阵地将泄漏部位进行包围式堵截，阵地设置难度较大。喷雾水阵地不但需要实现大面积、长距离的设置，可能还需要设置多道防线，供水保障难度较大。

图3-19　液化石油气罐区

（三）移动喷雾水阵地的机动性较差

水雾的驱散是降低液化石油气浓度的最佳手段，特别是低洼处的水雾驱散，可有效降低液化石油气浓度，避免燃烧爆炸的发生。然而，水幕水带和屏障水枪的设置相对较为固定，其阻隔作用明显，驱散作用较弱。喷雾水枪、移动水炮的驱散效果较好，但是其机动性较差。移动水炮的转移较为困难，喷雾水枪的推进受到供水线路的限制，如图3-20所示。

图 3-20 液化石油气泄漏处设置喷雾水阵地

三、大跨度举高喷射消防车喷雾水阻隔阵地的设置方法

由于液化石油气泄漏是向四周扩散的，其中下风方向和地势较低处的扩散速度最快。因此，在液化石油气储罐罐组内，防火堤会起到很好的阻隔、限制扩散的作用。但是防火堤内的扩散需要依靠喷雾水阵地，而深入罐区内部设置喷雾水阵地危险性较大，且由于防火堤和管线会对水带的铺设有一定影响，喷雾水阵地的设置难度较大。另外，如果泄漏事故现场出现情况突变，比如泄漏量突然增大，喷雾水阵地几乎来不及转移。利用大跨度举高喷射消防车优异的跨越能力，可以将炮头探入罐区上部，从上面喷射喷雾水，形成阻隔的屏障，简化了喷雾水阻隔阵地的设置，并且具有较好的机动性。大跨度举高喷射消防车喷雾水阻隔阵地设置的展开模式可见图3-21，可根据现场情况进行微调。

图 3-21 大跨度举高喷射消防车喷雾水阻隔阵地

四、大跨度举高喷射消防车喷雾水稀释阵地的设置方法

为了能够降低泄漏气体浓度，预防爆炸的发生，应充分稀释液化石油气泄漏气体。利用大跨度举高喷射消防车卓越的跨越能力，可以将喷雾水阵地设置在泄漏气体正上方，采取“淋浴式”作战模式，喷射喷雾水进行稀释。此种方式体现了“精准打击”的理念，使得稀释效果更加显著。图3-22中大跨度举高喷射消防车的展开模式可以参考应用在液化石油气的稀释中，但应根据现场情况进行臂架高度的调整。

图 3-22 大跨度举高喷射消防车稀释阵地设置展开模式

五、大跨度举高喷射消防车喷雾水驱散液化石油气方法

由于水枪、水炮移动装备的机动性较差，阵地转移和延伸受到较大影响，

而且考虑到安全因素，所以大跨度举高喷射消防车可以用于液化石油气的驱散。由于液化石油气比空气重的特性，泄漏的气体全部都在地面。大跨度举高喷射消防车的多臂架结构使得低洼处气体的驱散成为可能。如果事故现场的展开空间较大，可实施大跨度的探伸方式，驱散地面的液化石油气，展开方式如图3-23所示。

图3-23 大跨度举高喷射消防车探伸驱散展开模式

如果展开空间相对较小，可通过臂架的折叠，减小水平跨越距离，放低水炮位置，也可以实现驱散泄漏气体的目的，如图3-24所示。值得注意的是，图3-24中的展开模式，可根据具体情况进行调整，水炮位置可以更低。

图3-24 大跨度举高喷射消防车折叠臂架展开

大跨度举高喷射消防车无论是采取探伸驱散，还是采取折叠驱散的展开模式，都可以通过喷射喷雾水，实现液化石油气的驱散。另外，由于大跨度举高喷射消防车具有边打边动的能力，使其机动性较强，可以随时调整阵地位置，实现泄漏气体的精准打击，实施有效驱散。

第三节 大跨度举高喷射消防车注水置换战术应用

在液化石油气泄漏事故处置后期，为了彻底清除危险源，应该采取置换的措施，将液化石油气储罐内的气体完全排除。

一、液化石油气储罐事故余气置换战术需求分析

置换战术是液化石油气泄漏事故中常用的处置方法，可起到防止爆炸的发生、防止发生回火、清除隐患的作用。

（一）防止密闭空间发生爆炸

液化石油气储罐发生事故之后，如果是泄漏事故，在不能够实施堵漏措施时，可采取放空的方式进行处置。然而，放空液化石油气具有较大危险性，一是泄放处的气体容易形成爆炸混合气，需要进行喷雾水的保护、稀释和驱散；二是随着罐体内液化石油气余量减少，罐体内压力会随之降低，当压力降低到与大气压相同时，空气会进入储罐内与剩余液化石油气混合，在相对密闭空间内，较为容易形成爆炸性混合气体，有爆炸危险。这种情况多发生在液化石油气储罐破损的环境下，如图3-25所示。为了将罐体内剩余的液化石油气完全清除，应该采用注入惰性气体或者注水的方式进行置换，保持罐体内压力，避免发生空气混入的情况。

（二）防止回火爆炸

如果是液化石油气泄漏燃烧事故，特别是已经发生爆炸之后的燃烧事故，维持剩余液化石油气燃尽是较好的处置方法。维持液化石油气从泄漏口处稳

图 3-25　破损的液化石油气储罐

图 3-26　液化石油气泄漏后稳定燃烧

定燃烧直至燃尽，既可以避免泄漏介质的不可控性，又使爆炸的可能性减小。如图3-26所示，即为某事故现场，液化天然气稳定燃烧的情况。

然而，当液化石油气物料减少后，压力也会降低，火焰有可能会烧入储罐内，形成密闭空间的燃烧，有可能发生爆炸。因此，与泄漏事故相同，此种情况也需要注入惰性气体或者是注入水，保证罐体内一定压力，直至所有液化石油气物料全部燃尽。

（三）清除隐患

对于已经成功实施封口堵漏的液化石油气泄漏现场，为了彻底清除液化石油气，不留有隐患，应该实施倒罐或者是置换。注入惰性气体和注入水实施倒罐，将事故罐内全部置换成惰性气体或者是水，是比较好的清除隐患的方法。图3-27为需要进行倒罐或置换的液化石油气事故储罐。

图 3-27　液化石油气事故储罐

二、液化石油气储罐事故余气置换作战难点分析

（一）设施破损难以利用

液化石油气泄漏事故往往伴随着燃烧、爆炸的发生，液化石油气储罐的相关管道和阀门都会受到影响，出现破损的状况。如图3-28所示，液化石油气储罐发生爆炸之后，几乎所有的管道和阀门都被损毁，不太可能应用这些固有的管道进行倒罐或者置换。因此，必须外接移动装备、器材进行注入惰性气体或者注入水的操作，进行置换或倒罐。

图 3-28　液化石油气储罐爆炸后现场破损情况

（二）操作不当容易引燃、引爆

对于液化石油气泄漏储罐进行倒罐或者置换等工艺处置时，如果不小心产生火花或者是静电，都有可能会引发燃爆事故。因此，对于倒罐和置换的要求比较高，必须做到无火花、无静电操作，应该由专业人员应用专业的器材、装备进行操作。例如，在进行液化石油气槽罐车倒罐时，往往需要应用到烃泵（如图3-29所示）、压缩机或压缩气体，并且应用不同方法时，气液相管道的连接不尽相同。如果连接错误，或者操作失误，都可能会引发再次泄漏，遇到火花、静电就会发生燃烧、爆炸事故。

图 3-29 液化石油气烃泵倒罐

（三）移动装备应用困难

如果液化石油气储罐的管道和阀门已经破损严重，就需要通过临时架设或者使用移动装备的方式进行置换处置。在没有或者很难调集到现场专业处置装备器材时，想要进行置换处置，最佳的方式应该是注水置换。此时，注水置换主要通过罐体泄漏口实施。然而，由于泄漏口状况迥异，现有装备器材不能够确保注水的便捷和有效。主要原因是，如果利用水枪、水炮实施远端射水注水，精确度不够，会造成大量水的浪费，并且有可能会带来不必要的撞击，如图3-30所示；如果采取近距离水枪注水，精确度较好，但是危险性较大。

图 3-30 液化石油气储罐火灾现场处置

三、大跨度举高喷射消防车注水置换应用

在前面，我们已经分析过大跨度举高喷射消防车跨越液化石油气储罐实施冷却的可能性。大跨度举高喷射消防车针对液化石油气储罐的跨越非常轻松，也意味着大跨度举高喷射消防车在液化石油气储罐现场的覆盖范围非常大，并且利用其多臂架的多种组合形式，可以实现液化石油气储罐各部位的精准打击。因为能够实现精准注水、灵活变化，大跨度举高喷射消防车在液化石油气置换处置中具有非常重要的作用。如图3-31所示，如果出现液化石

图 3-31 液化石油气储罐多罐破损事故现场

油气储罐区多罐破损的情况，使用大跨度举高喷射消防车进行注水置换，覆盖面积大，机动性较强，可以提高效率，减少人员危险性，并起到较好效果。

第四节 大跨度举高喷射消防车战斗编成

在液化石油气火灾扑救中，车辆、装备、器材的协同配合非常重要。只有合理实现车辆、装备、器材的有机结合，充分发挥各种装备的性能，形成合力，才能确保事故处置过程中灭火剂的供给，提升作战效率，才能最大程度实现灭火救援的战斗力。为了达到车辆、装备、器材的协同配合，应该尽量实施编组作战，即应用战斗编成的方式。

一、战斗编成影响因素分析

在液化石油气事故处置中，战斗编成的影响因素较多，与石油库火灾扑救略有不同，主要有以下几个方面。

（一）战术方法的影响

在液化石油气事故处置现场，最主要的战术方法包括冷却、稀释、置换等。在处置过程中，要根据现场具体情况采取不同的战术方法。与石油库火灾扑救的战术需求不同，液化石油气储罐事故处置现场的主要灭火剂是水，但是冷却、稀释、灌注的作战目的不同时，射流状态不同，供水要求也不同，力量编成会有所区别。

（二）车辆、装备性能的影响

车辆、装备性能决定了力量编成方式，主要体现在泵炮流量、泵压力、车辆载灭火剂量等方面。如果主战车辆为水罐车，应用大流量水炮实施冷却，则必须编组供水车辆。如果主战车辆为泡沫消防车，则编组车辆应该既有供水车辆还有供泡沫液车辆。如果主战车辆为高喷消防车，其载水、载泡沫量往往较少，只能实现短时间作战，则需要大流量的供水和供泡沫液车辆的支持，形成稳定的作战编成。

（三）水源情况的影响

水源情况对于作战编成的影响主要体现在流量、储水量和距离三方面。在流量方面，不但要考虑单个消火栓流量，还要考虑整个管网的流量情况，即罐区消防泵的情况。单个消火栓流量越小，需要编组的供水车辆越多；罐区管网流量决定了主战阵地的数量以及天然水源的应用。在储水量方面，要考虑蓄水池的水量和天然水源情况。在距离方面，要考虑消火栓的设置密度以及天然水源的距离。消火栓密度越小，天然水源距离越远，远距离供水需求越大，接力编成车辆越多。

二、液化石油气事故处置冷却战斗编成

（一）冷却战斗编成依据

大跨度举高喷射消防车的水炮最大流量为80L/s，载水量为2t，如果不外接水源，水炮可持续喷射25s。如果外接4条80mm水带连接消火栓，每条水带流量约20L/s，可以满足供水需求（如单个消火栓流量较大，可减少供水线路）。

（二）冷却战斗编成模式

如果厂区内单个消火栓流量可达到40L/s，则可以采取供水车辆分别出双干线给前方主战举高喷射消防车供水的方法，水炮编成可以采取如图3-32所示的SP-121式编成，即1个供水车辆占据一个水源，分别出2条双干线向前面主战车供水，主战车自己占据一个消火栓，确保供水流量，主战车辆出1门高喷水炮，对液化石油气储罐实施冷却、降温。

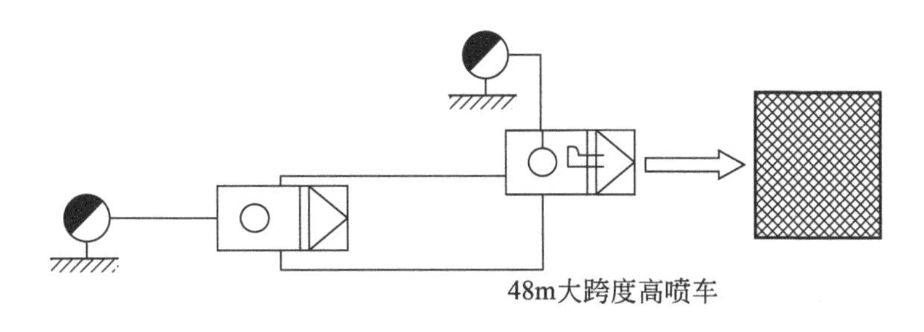

图3-32 大跨度举高喷射消防车SP-121式水炮编成

如果水源较远，主战车周边没有消火栓，也可以采取图3-33所示的SP-221的方式进行力量编成，即2个供水车辆，分别占据消火栓，分别出双干线向主战车供水，主战车不占据消火栓，出1门高喷水炮，实施冷却。

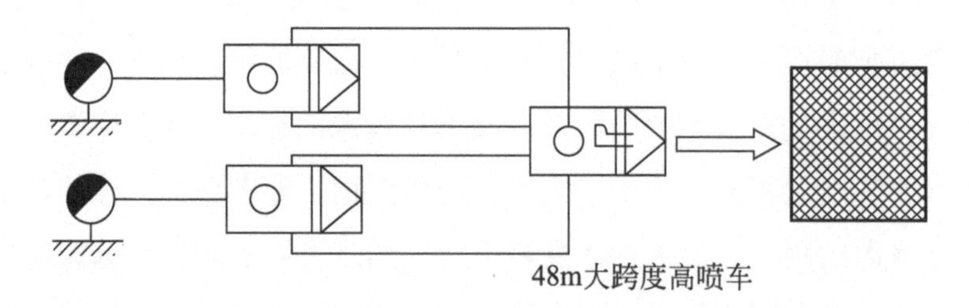

图3-33 大跨度举高喷射消防车SP-221式水炮编成

液化石油气球罐发生火灾后，如果是罐顶气态喷射火，则其冷却任务较轻，如果是罐底液态泄漏并发生火灾，则球罐受热膨胀，超压爆炸可能性变大，必须进行充分冷却。在冷却过程中，如果采取19mm口径的水枪实施冷却，可以取单支水枪冷却面积为30m^{2}进行快速估算。对于球罐下半球的冷却可以应用水枪或移动水炮，但是对于上半球的冷却，高喷水炮的效果最佳。而对于水炮来说，由于流量增大了，其控制面积远超过30m^2，但是考虑到罐的圆形结构，受展开空间限制，水炮的冷却范围受到限制。

按照相关规定，利用移动装备冷却液化石油气储罐时，冷却强度不应小于0.2L/（s·m^2），则80L/s流量的水炮可完全覆盖400m^{2}的液化石油气储罐。如果利用大跨度举高喷射消防车采取跨越后的“倒勾回打”方式冷却液化石油气球罐迎火面，则可克服障碍限制，加强冷却效果。如果利用大跨度举高喷射消防车采取“淋浴式”方法冷却液化石油气球罐，则可克服角度限制，减少冷却阵地的数量。经计算可得，1000m^{3}球罐的表面积约为615m^2，2000m^{3}球罐表面积约为805m^2，3000m^{3}球罐的表面积约为1020m^2。因此，如果大跨度举高喷射消防车采用“倒勾回打”冷却方法，可完全覆盖1000m^3、2000m^3、3000m^{3}液化石油气储罐的迎火面罐体上半部分。如果大跨度举高喷射消防车采用“淋浴式”冷却方法，可完全覆盖1000m^3、2000m^{3}液化石油气储罐的上半部分罐体。

（三）冷却战斗编成示例

假定某石化液化石油气区的078#球罐（1500m^3）罐底液态泄漏发生火灾，

48m大跨度举高喷射消防车采取SP-221的水炮编成方式，可采取“淋浴式”作战模式对078#罐体实施冷却；可采取“倒勾回打”的冷却方式，冷却076#罐体（3000m³）的迎火面上半部分，如图3-34所示。090#和075#油罐也属于邻近罐，应该对其迎火面进行充分冷却，既可以应用大跨度举高喷射消防车，也可以利用移动炮、车载炮等其他移动装备。

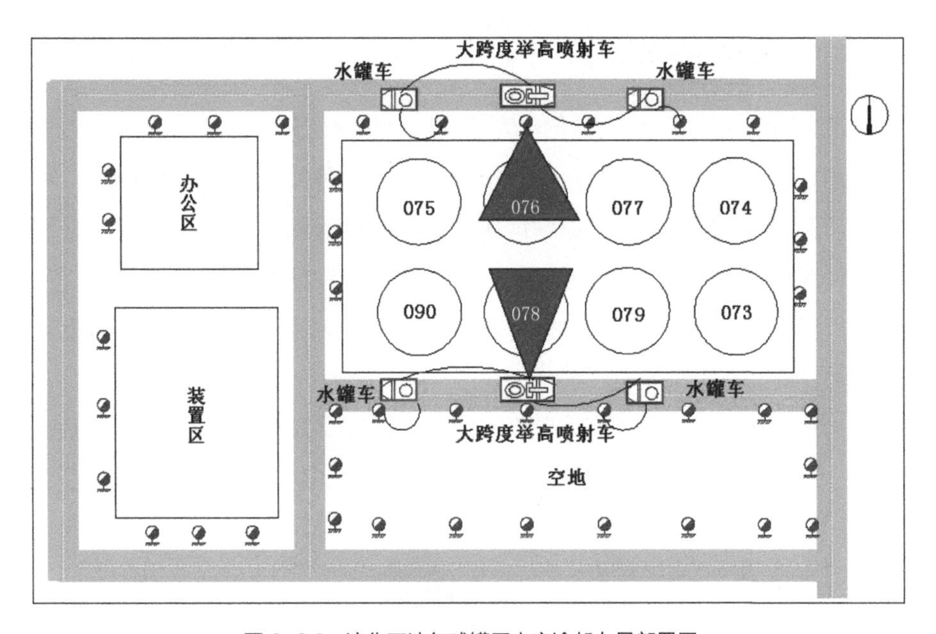

图3-34　液化石油气球罐区火灾冷却力量部署图

三、液化石油气事故处置稀释战斗编成

（一）灭火战斗编成依据

由于稀释方式也是应用大跨度举高喷射消防车的水炮，其供水方式可以按照SP-121和SP-221的方式进行编成，从而确保80L/s的水炮流量。

（二）灭火战斗编成模式

大跨度举高喷射消防车水炮的最大喷雾水直径约为6m。利用大跨度举高喷射消防车优异的跨越能力，可以将炮头探入罐区上部，从上面喷射喷雾水，形成阻隔的屏障，阻截液化石油气扩散时，其阻隔的长度为喷雾水直径长度，即为6m。利用大跨度举高喷射消防车卓越的跨越能力，可以将喷雾水阵地设置在泄漏气体正上方，采取“淋浴式”作战模式，喷射喷雾水对液化石油气进行稀释时，稀释的范围应按喷雾水覆盖面积计算，稀释的面积约为28m²。如果利用大跨度举高消防车进行泄漏气体的驱散，水炮的位置较低，其驱散有效范围可按照长度进行计算，驱散的长度为喷雾水直径长度，即为6m。由此，可根据不同需求，明确使用方法和战斗模式。

（三）灭火战斗编成示例

假定某石化液化石油气区的078#球罐（1500m^3）发生泄漏，泄漏的气体在罐底附近聚集、扩散，波及面积约20m²。为了阻截气体的持续扩散，可在其主要扩散方向076#、079#和090#球罐处，通过大跨度的跨越方式，分别设置阻截阵地，并在罐组南侧通过大跨度举高喷射消防车跨越078#球罐，实施“淋浴式”稀释，待处置后期，实现封口堵漏后，可将阻隔阵地转换为驱散阵地。具体力量部署可参考图3-35所示。

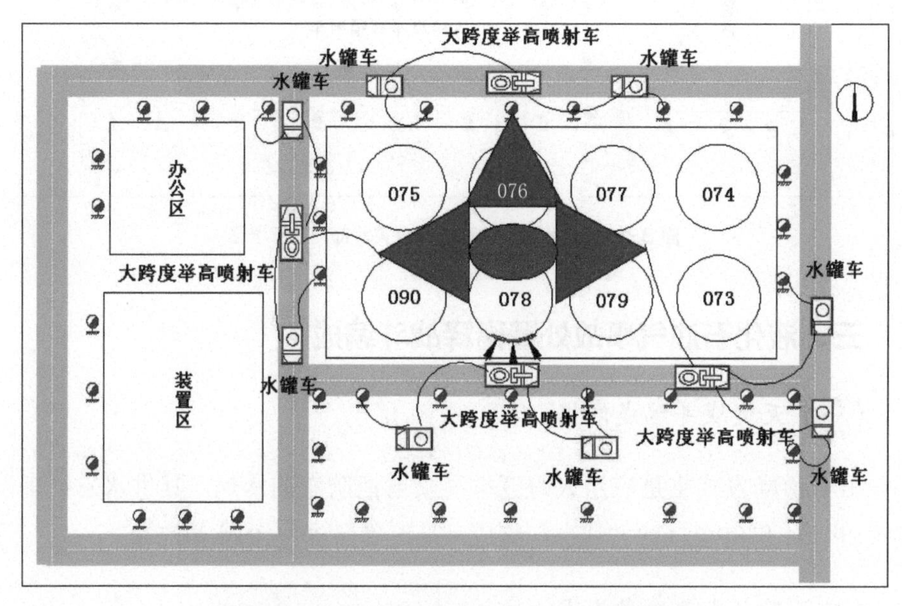

图3-35 液化石油气球罐区驱散、稀释力量部署图

四、液化石油气事故处置灌注置换战斗编成

（一）灭火战斗编成依据

由于灌注置换方式也是应用大跨度举高喷射消防车的水炮，其供水方式

可以按照SP-121和SP-221的方式进行编成，从而确保80L/s的水炮流量。

（二）灭火战斗编成模式

大跨度举高喷射消防车灌注置换战术的应用，主要依靠的是大跨度举高喷射消防车的精准打击能力，将水炮靠近泄漏口，精准地将水注入罐体，实施置换。如果按照应用80L/s流量的水炮进行注水，则1000m^3、2000m^3、3000m^{3}液化石油气储罐注满水所需时间分别为208.3min、416.7min和625min。可根据需要注水的速度和压力变化，采取多个大跨度阵地协同注水的方法，实施气体置换。

（三）灭火战斗编成示例

假定某石化液化石油气区的078#球罐（1500m^3）发生泄漏燃烧，泄漏口在储罐顶部，燃烧状态较为稳定。在事故处置后期，处置人员决定采取维持其燃尽的方式进行处置。为了确保不会发生回火爆炸，并且提高处置效率，决定利用2部大跨度举高喷射消防车实施精准注水置换，力量部署方式可如图3-36所示。

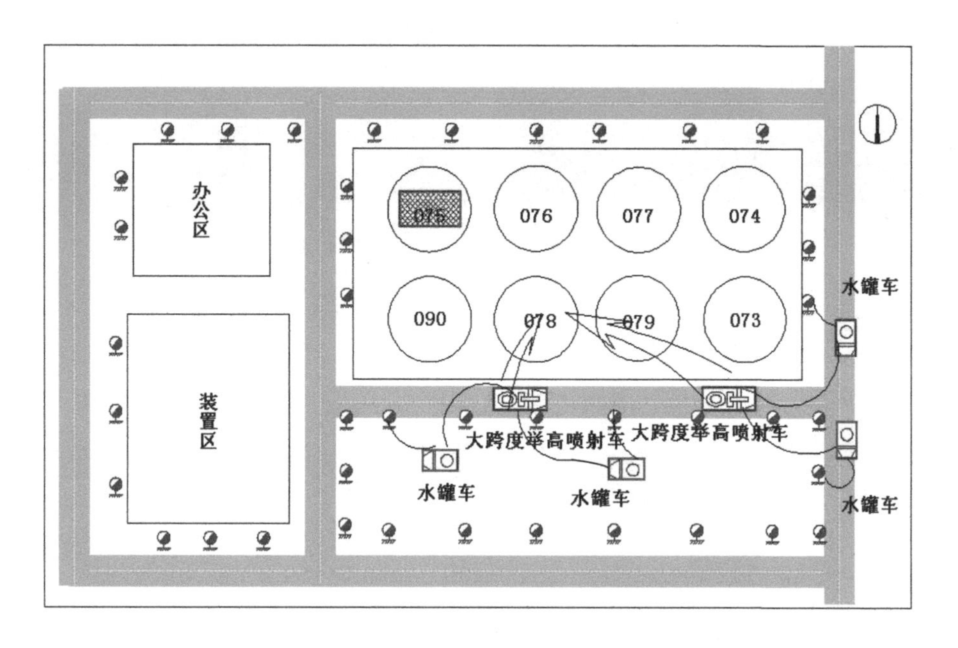

图3-36 液化石油气球罐区灌注置换力量部署图

第五节　典型战例复盘与应用示例

一、基本情况

2015年7月16日7时38分，某石化有限公司一液化气储罐区发生泄漏并引发爆炸燃烧。

（一）事故罐区分布情况

发生事故的311罐区位于厂区南侧中部，共有液化石油气球罐12个，呈南北两排分布，北侧一排自东向西分别为1、3、5、7、9、11号，南侧一排分别为2、4、6、8、10、12号，罐间距最大为17.5m，最小为8m。其中，8号、10号、12号罐为2000m^3，其他罐为1000m^3，总容量1.5×10^4m^3，如图3-37所示。

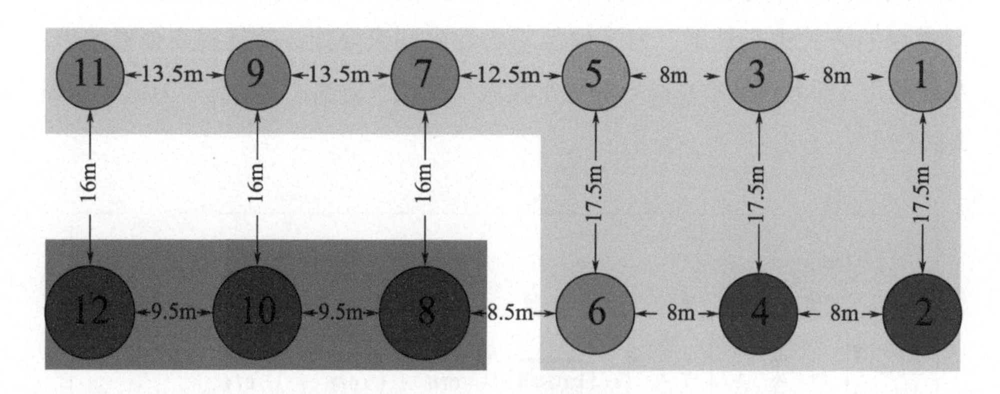

图3-37　某公司液化石油气储罐区情况

（二）事故罐区物料余量情况

事故发生时，1号罐存储液化气51m^3，2号705m^3，3号29m^3，7号910m^3（正向6号罐倒罐），8号54m^3，9号869m^3，11号598m^3，12号1234m^3，其余4个罐为空罐，总储量为4450m^3，如图3-38所示。

（三）气象情况

2015年7月16日，当地天气多云转阵雨，气温22～25℃，东风3～4级，气象部门下午进行了人工降雨；7月17日，多云，气温24～30℃，东风3～4

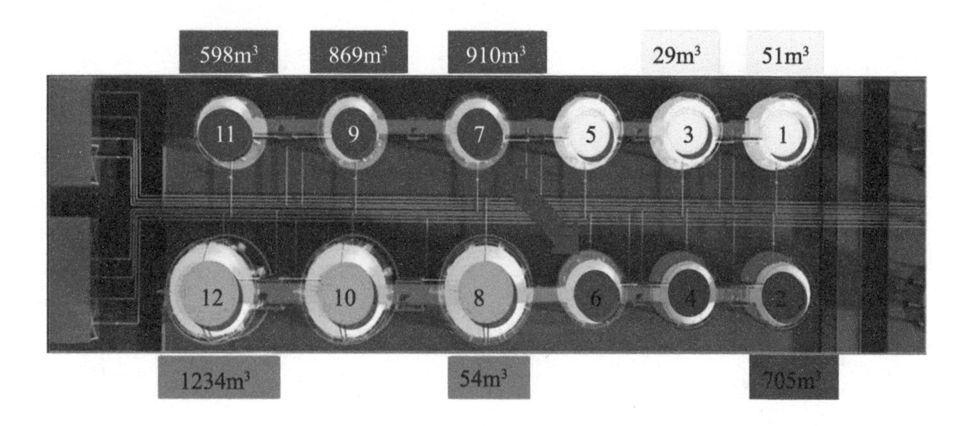

图 3-38 液化石油气储罐物料余量情况

级。由此可见，处置期间，一直有较大风力，风向相对稳定，这对于火势的蔓延扩大、热辐射对储罐的烘烤都有很大的影响。

二、初期火灾冷却

（一）火灾情况

初期处置力量到场，通过侦察发现液化石油气罐区内6号罐底部管线起火，10多米高的火焰呈喷射状燃烧，包裹着6号和8号罐，如图3-39所示。此种情况下，热辐射直接烘烤液化石油气储罐，爆炸危险性较大。

图 3-39 液化石油气储罐火灾初期火势情况

（二）冷却情况

事故发生后，专职消防队迅速出动，在罐区北侧利用高喷车，在罐区东南侧利用泡沫车车载炮分别对6号罐实施冷却，并占据消火栓形成固定供水线路，如图3-40所示（图中11、12号罐略）。

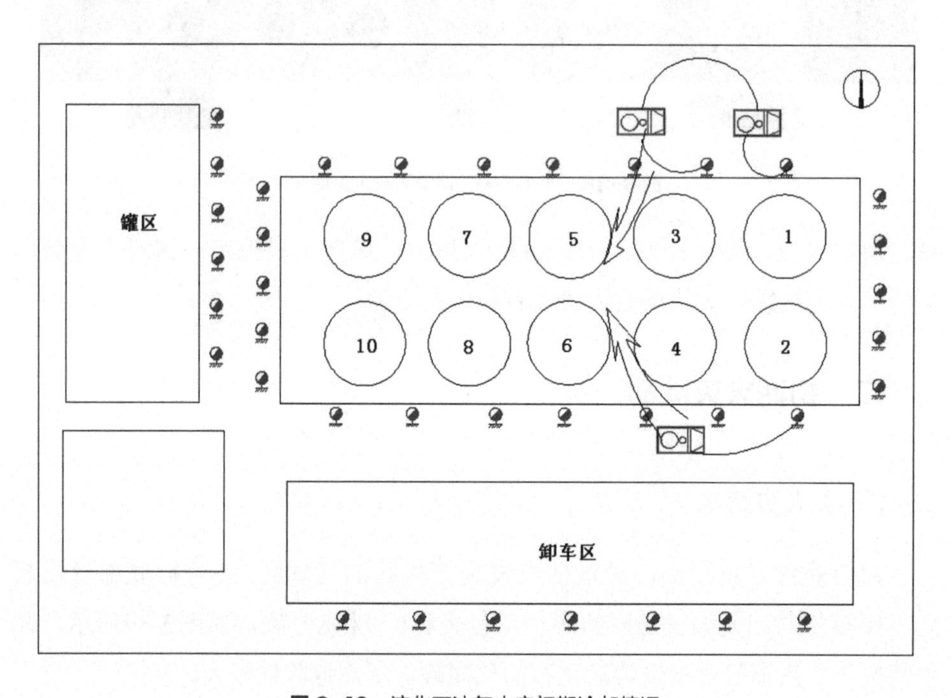

图3-40 液化石油气火灾初期冷却情况

（三）大跨度举高车的应用分析

由图3-40可以看出，初期冷却力量集中冷却的为泄漏燃烧的6号储罐，分别利用了1门高喷炮和1门车载炮，但是受到邻近罐的阻隔作用，冷却覆盖区域只是6号储罐的局部，并且不能兼顾冷却邻近储罐的迎火面。

如果利用大跨度举高喷射消防车，可以应用“淋浴式”冷却方法，直接覆盖冷却6号储罐，此种方式不但能够减少冷却阵地，还能够达到全面冷却的效果。6号储罐是1000m^3的球罐，其上半部分面积约为300m^2，而大跨度举高喷射消防车80L/s流量的水炮可覆盖400m^2的储罐面积，“淋浴式”冷却方法可以解决6号储罐上半部分的冷却问题，再配合其他移动装备的冷却应用，6号储罐的冷却可以达到相应冷却强度要求，如图3-41所示。由于大跨度举高消防车解决的是6号液化石油气储罐上半部分的冷却问题，下半部分的冷却，可以根据现场的车辆和水源情况，分别设置4支水枪，从4个方向进行包围式冷却，以确保液化石油气储罐下半部的冷却没有空白点。同时，这4支水枪还应该兼顾6号液化石油气储罐支柱的冷却任务，避免发生支柱受热后的倾斜、倒塌情况。

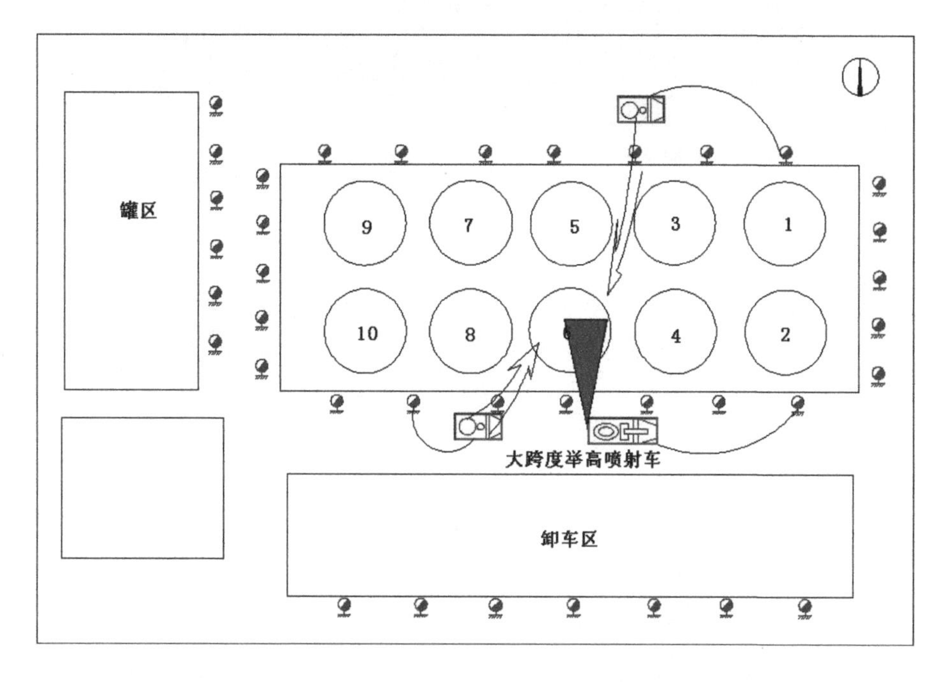

图3-41 液化石油气火灾初期大跨度举高消防车冷却力量部署图

三、发展阶段的冷却和火势压制

（一）火灾情况

辖区的消防力量到场后，现场的火势有变大趋势。由于受到风的影响，处于6号液化石油气储罐下风方向的8号储罐受火势威胁严重，如图3-42所示。此时，发生泄漏的储罐是6号罐，泄漏点在罐的底部，6号和8号罐均受到热辐射影响，而受到热辐射影响最大的是下风方向的8号储罐。

图 3-42 液化石油气火灾发展阶段火势情况

（二）冷却情况

到场力量立即在罐区南侧开启2门固定水炮并部署1门高喷炮、3门移动炮，在罐区北侧部署1门车载炮，对6号罐和邻近的4号、8号罐实施冷却，占据6个消火栓并采取运水供水的方式铺设了10条供水线路，如图3-43所示。

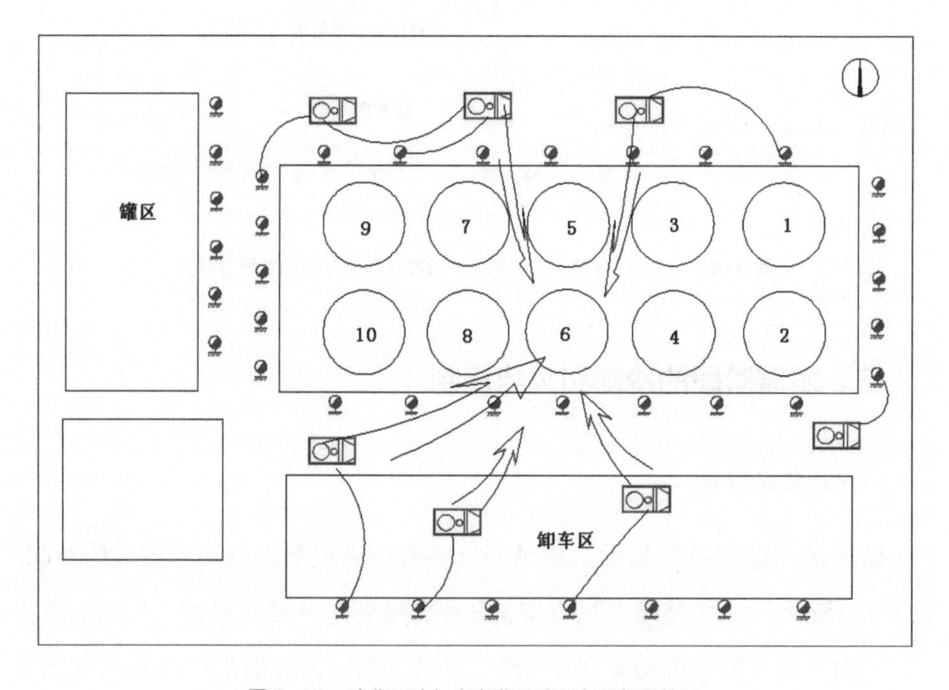

图 3-43 液化石油气火灾发展阶段力量部署情况

8时17分至8时52分，本市其他6个消防中队和4个企业专职队陆续到场，分别在6号罐西北侧部署1门车载炮，在6号罐南侧部署2门移动炮加强冷却。

（三）大跨度举高车应用分析

由图3-42可以看出，在火势快速发展阶段，现场的热辐射较为强烈，消防队的主要任务是确保6号和8号液化石油气储罐不发生爆炸，应实施冷却和火势压制。由图3-43可以看出，现有力量部署主要以冷却为主，冷却范围主要围绕泄漏着火的6号储罐，兼顾冷却邻近的4号和8号储罐，属于均匀冷却的模式。但是，我们在前面已经分析过，如果利用移动装备实施液化石油气球罐的冷却工作，受到邻近储罐的阻隔影响，每个冷却阵地的冷却范围比较受限；另外，因为液化石油气储罐的冷却是按面积进行冷却的，为了不留冷却空白点，应该实施上下两部分的分别冷却。因此，如果利用水枪、移动水炮、高喷炮和车载炮进行冷却，每个液化石油气储罐最少应需要8个冷却阵地。因此，4号、6号和8号储罐同时冷却就需要24个冷却阵地。虽然此时作战力量已经形成了10条供水线路，并设置了约8个水炮冷却阵地，但是冷却强度和冷却覆盖范围还远远不够。但是，此时的供水难度是非常大的，主要原因是大部分冷却阵地受到限制，并没有发挥出最大冷却效能，在一定程度上还造成了冷却水的浪费。

如果此时应用大跨度举高喷射消防车，可以采用“淋浴式”和跨越“倒勾回打”的方式进行冷却，不但可以增强冷却效果，还可以减少冷却阵地的设置，降低供水难度。如图3-44所示，可以利用大跨度举高喷射消防车对邻近6号着火罐的5号液化石油气罐采取跨越倒勾回打的方式进行迎火面冷却；对于4号、6号和8号储罐分别应用大跨度举高喷射消防车的精准打击性能，采取“淋浴式”冷却方式进行上半部分的冷却，再配合移动装备的下半部分冷却，达到不留空白点冷却，且节约用水的目的。

值得注意的是，此时最危险的液化石油气储罐为8号罐，在后期8号罐确实发生了爆炸。究其原因，还是热辐射的影响太大导致超压爆炸，换句话说也就是此阶段8号液化石油气罐的冷却强度不够。为了避免8号储罐发生爆炸，更好的冷却方法即为对8号罐加强冷却，可应用大跨度举高喷射消防车采

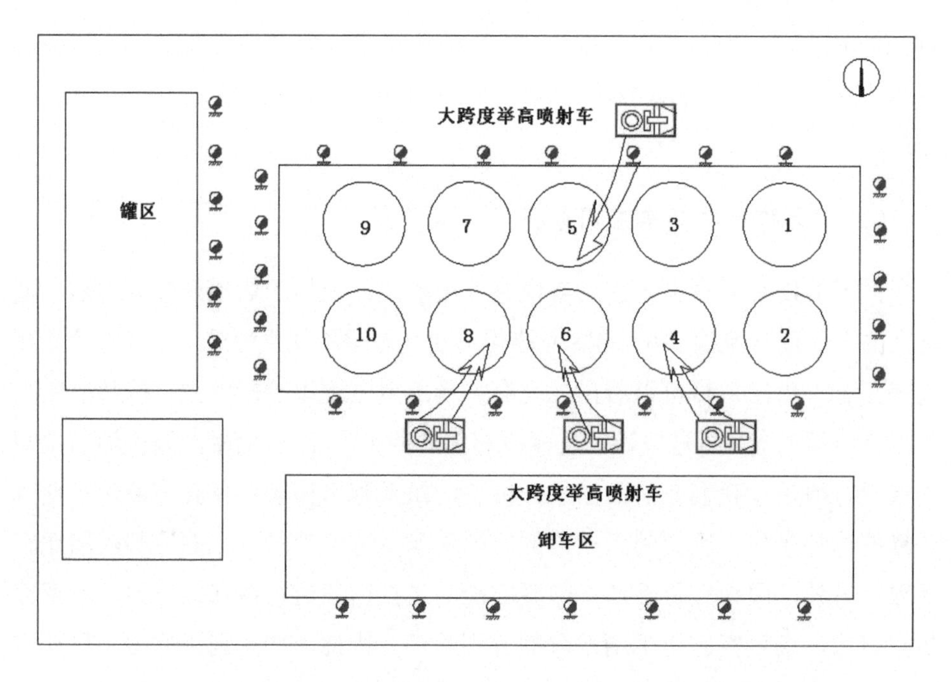

图 3-44 液化石油气火灾发展阶段大跨度举高喷射消防车冷却力量部署图

取“淋浴式”冷却，并辅以其他移动装备，冷却8号储罐下半部分。然而，冷却只是防御战术，具有一定的被动性，为了防止8号储罐发生爆炸，最直接的办法应该是灭火。将罐底的着火点扑灭，可以彻底消除热辐射的影响。但是，液化石油气火灾扑救难度较大，且扑灭后容易形成爆炸性混合气体，危险性也很大。因此，在确保火势不熄灭的前提下，尽最大可能压制火势，是减少热辐射，避免发生超压爆炸的最佳方法。大跨度举高喷射消防车多臂架结构的优势可用于液化石油气储罐罐底火灾的压制。在前面我们介绍了大跨度举高喷射消防车探伸稀释和折叠稀释的作战模式。在此处，可借鉴上述大跨度举高喷射消防车的展开模式，将稀释用喷雾水转换为直流水，可以有较好的火势压制作用。如图3-45所示，在前面的冷却基础上，可在上风方向即罐区北侧，增加1部大跨度举高喷射消防车阵地，利用其探伸能力，出直流水，压制6号和8号罐之间的地面火势，减少热辐射的影响。值得注意的是，在进行火灾压制时，南侧为下风方向热辐射会增加，应将下风方向的车辆保留安全距离。

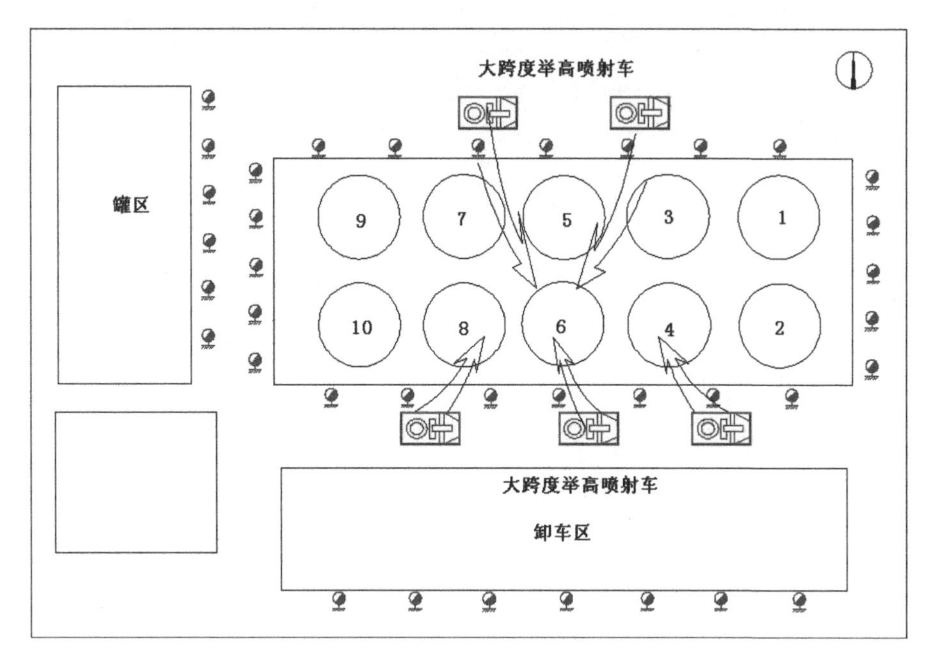

图 3-45 48m 大跨度举高喷射消防车压制地面火势力量部署图

四、爆炸后的冷却和稀释

（一）火灾情况

如图3-46所示，三次爆炸发生后，6号罐整体被炸飞，8号罐炸裂坍塌，2号、4号罐不同程度倾斜，罐区内多处管线泄漏起火；2号罐顶部起火，罐底管道

图 3-46 液化石油气储罐爆炸后情况

火势凶猛，直接烘烤着罐体，并威胁相邻的1号罐；7号罐周围呈猛烈燃烧状态，严重威胁下风方向的9号、11号、12号3个储罐；南侧2个消火栓被炸断，消防管网失去供水能力，固定喷淋失效。

（二）冷却和稀释情况

指挥部通过详细侦察后，将事故罐区东、西、北三个方向分为3个作战区段。罐区东侧：在罐区架设3门移动炮，对2号罐和1号罐进行冷却。罐区西侧：出4门炮，对10号、11号、12号罐进行冷却。4套远程供水系统从厂区南侧道路进入保障供水。罐区北侧：出7门炮，对7号罐及相邻的5号、9号、11号罐进行冷却，3套远程供水系统从厂区北侧道路进入保障供水，如图3-47所示。

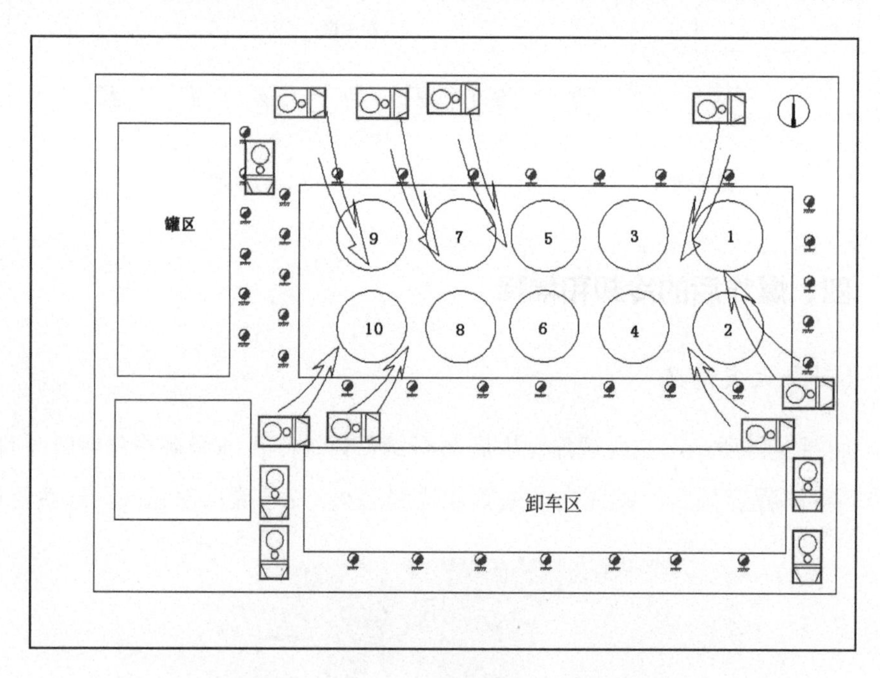

图3-47　液化石油气储罐爆炸后力量部署情况

（三）大跨度举高消防车应用分析

由图3-46和图3-48可知，爆炸发生后，现场的主要任务应该为冷却和稀释，防止再次发生泄漏、燃烧和爆炸。然而，现场情况较为复杂，危险性较大。为了确保冷却充分，建议对1号、3号、10号、11号、12号等损失不大的储罐，采取大跨度举高喷射消防车的“淋浴式”冷却方法；对于着火点附近的5号、7号和9号储罐，建议加强冷却强度；对于倾斜的2号和4号储罐，为了避免发生泄漏事故，建议采取大跨度举高喷射消防车阻隔和稀释的战术方法进行保护。

图3-48 液化石油气储罐爆炸后鸟瞰图

五、爆炸后的注水置换

（一）现场情况

在爆炸发生后，现场出现多处稳定燃烧，如图3-49所示，灭火救援工作一度陷入拉锯战，没有有效的处置方法。

图3-49 液化石油气爆炸后现场火势情况

（二）处置情况

指挥部根据现场情况采取了以下措施：一是在采取关阀断料等技术措施

的同时，维持着火罐稳定燃烧；二是按照6倍冷却用水量，加大对邻近罐冷却保护；三是严防冷却水湮灭管线明火，造成液化气泄漏，引发新的爆炸；四是灵活运用供水方法，充分利用远程供水系统，确保火场供水不间断；五是加强个人防护，减少一线作战人员，安排有经验的指挥员担任观察员，调派3架无人机实施空中侦察，一旦发现异常，及时发出撤离信号；六是对罐体温度和周边可燃气体浓度进行不间断检测，及时判断火情，调整现场力量。图3-50为现场近距离架设水炮情况。

图3-50 液化石油气爆炸后架设水炮

（三）大跨度举高消防车应用分析

从此阶段的处置措施分析，现场指挥部采取了比较稳妥的保守战术，维持现场状态，避免再次发生泄漏、燃烧或者爆炸。但是，所采取的措施相对比较被动，都是防御性措施。上文已分析过，此时，大量液化石油气因为爆炸被消耗，事故罐体内液化石油气物料余量已经减少，此时的稳定燃烧有可能会出现回火的情况。因此，为了确保现场的安全，在充分冷却的基础上，应该实施向事故罐体注水的方式，确保罐内压力持续大于罐外，维持燃烧的稳定性，持续消耗剩余的液化石油气余料。

六、事故后期的工艺处置

（一）现场情况

在火灾扑灭后，为了确保不再存有气体泄漏，应该进行详细的排查和检测，并持续进行冷却和稀释。冷却和稀释时，建议采取上述大跨度举高喷射消防车的应用方法进行阵地的设置。现场实际情况如图3-51所示，多个液化石油气储罐存在损坏，并且多个储罐内还有液化石油气余料，应该进行倒罐、置换和灌注等工艺措施，以确保完全清除危险隐患。

图3-51 液化石油气火灾扑救后期场景图

（二）处置情况

7月20日至8月3日，事故处置领导小组聘请专家经反复论证，制定了事故罐区输转倒罐方案；8月6日开始实施，19日全部输转完毕，共输转剩余液化气1507t，如图3-52所示。

图3-52 液化石油气火灾后期倒罐输转处置

（三）大跨度举高消防车应用分析

在倒罐输转阶段，大跨度举高喷射消防车可以持续稀释、冷却，辅助完成相关任务。对于破损严重、有明显泄漏口的液化石油气储罐（如8号罐），可应用大跨度举高喷射消防车的跨越能力和精准打击能力，实施注水置换，确保现场的安全，不留隐患。

综上所述，在液化石油气储罐火灾扑救中，大跨度举高喷射消防车可以实施火场冷却、稀释抑爆和注水置换等战术。基于上述用法，充分体现了大跨度举高喷射消防车的技术优势，可在一定程度上解决液化石油气储罐火灾扑救的难点。另外，针对液化石油气储罐火灾扑救中的冷却、灭火、稀释驱散的需求，进行了战斗编成的研究，并以某石化企业为例进行了示例说明。最后，针对火灾案例进行了复盘研究，并针对性地说明了大跨度举高喷射消防车可起到的关键战术作用。

第四章 化工装置事故处置技战术应用

近年来，化工装置事故发生比较频繁，包括泄漏、燃烧、爆炸、中毒、倒塌等事故形态，涉及易燃易爆、有毒有害、腐蚀污染等多种化学物质。化工装置事故表现出来较强的工艺性和危险性，事故处置过程中的冷却、稀释、灭火以及工艺处置措施是重点、难点任务。

第一节 大跨度举高喷射消防车冷却战术应用

在化工装置事故处置现场，充分冷却是防止发生爆炸、阻截火势蔓延、避免发生结构倒塌的重要措施。

一、化工装置事故处置冷却战术需求分析

冷却是阻截火势蔓延变大，避免发生次生灾害的重要手段，在化工装置事故处置中，冷却的战术应用非常明确，也非常重要。

（一）冷却是阻截火势蔓延变大的主要措施

在油罐火灾、液化石油气储罐火灾、建筑火灾扑救中，冷却是非常重要的阻截火势蔓延的手段。同样，在化工装置火灾扑救中，冷却也起到阻截火势的关键作用。与油罐、液化石油气储罐不同的是，化工装置的结构更为复杂，现场涉及的化学物质更多，反应釜、反应塔和管道内的化学物质都处于不稳定状态，泄漏后马上全面燃烧，甚至发生爆炸，这将导致火势蔓延速度

更为迅速。

如图4-1所示，某化工装置发生泄漏后，泄漏的高温油品遇到空气马上燃烧，火势烘烤着装置上部其他结构，并且形成地面流淌火，威胁装置周围部位。如果不能够实施及时、有效的冷却，可能会造成更大范围的火灾。

图4-1　某化工装置猛烈燃烧

（二）冷却是避免爆炸的重要手段

化工装置常常涉及液化石油气、天然气等易燃易爆气体，还会涉及原油、汽油、柴油等易燃易爆油品。一旦发生上述易燃易爆危险化学品的泄漏，很容易引发爆炸。在目前所发生的化工装置事故案例中，都不同程度地发生了泄漏和爆炸。另外，化工装置内很多反应釜、换热器、反应塔都是压力容器，本身内部就是高温高压状态；化工厂内还往往存在石油储罐和化工装置储罐等压力容器。这些压力容器受到热辐射影响后，容易发生超压爆炸。图4-2为某化工装置事故的爆炸现场，可以看到爆炸威力巨大。因此，化工装置发生泄漏或火灾后必须进行有效的冷却，才能够避免爆炸的发生。

（三）充分冷却可避免化工装置发生倒塌

化工装置中所有的反应釜、反应塔、换热器、输转管道等均为钢质结构。在发生事故后，钢结构有可能会受到爆炸的冲击，受到火焰热辐射的烘烤，

图 4-2　化工装置储罐罐底火灾

还有可能会有泄漏物质的腐蚀，这些因素都导致化工装置的钢结构失去承重能力而发生倒塌。特别注意的是，由于化工装置现场有很多高大装置，也有很多密集度较高的部位，这些部位的冷却都比较困难。如果达不到冷却强度，装置很容易在高温炙烤下，发生变形、卷曲，甚至发生倒塌。如图4-3所示，某化工装置事故现场钢结构发生倒塌。因此，为了避免发生倒塌，应该对化工装置进行充分冷却。

图 4-3　某化工装置火灾的倒塌现场

二、化工装置事故处置冷却作战难点分析

从上述分析可以看出，化工装置发生事故后，及时进行全方位的冷却非常必要，但是在冷却过程中存在较多困难。

（一）需要跨越的障碍较多

化工装置往往有很多的反应釜、反应塔、换热器以及各类管线，如图4-4所示。如果化工装置中间部位某处出现了泄漏、燃烧等事故，例如图中反应塔中间部位需要进行冷却时，冷却阵地的横向跨越较大，可能需要跨越管线，也可能需要跨越装置平台。

图4-4 某化工装置结构图

（二）高大装置难以冷却

在化工装置中，加热炉、反应塔、蒸馏塔是最基本、最常见的设备，其高度较高，很多超过50m，如果发生火灾，高大的反应装置难以实现全面冷却。如图4-5所示，某化工装置发生了火灾，火势较为猛烈，伫立的塔式结构被热辐射直接烘烤，有燃烧、爆炸和倒塌的危险，必须对其进行冷却。然而，由于需冷却部位较高，下端又有装置的阻隔，高大装置的冷却较为困难。

图 4-5　化工装置火灾中受火势威胁的反应塔

（三）装置密集容易导致冷却空白

除了高大的反应塔、蒸馏塔等塔式装置以外，化工装置现场基本都设计有反应釜、换热器等基本反应单元。由于化工工艺往往需要经过非常多的反应过程和反应程序，反应釜和换热器等基本单元与管线纵横交错，非常密集。

如图4-6所示，可以看出此化工装置中纵深很大，管线和反应器、反应釜纵横交错，如果装置内部较深处发生了泄漏、燃烧等事故，冷却水喷射到指定部位是非常困难的。而利用内攻近战的方式实施冷却，展开空间往往受限，并且危险性非常大。

图 4-6　某化工装置

三、大跨度举高喷射消防车跨越冷却应用

鉴于化工装置现场有较多管线和框架结构，在进行火灾扑救时，大跨度举高喷射消防车可以应用跨越的方式实施冷却。

（一）48m大跨度举高喷射消防车的臂架性能参数

48m大跨度举高喷射消防车，6节臂架的长度分别为9980mm、7465mm、7075mm、9710mm、6480mm和3065mm，除了第6节臂架，其余臂架之间的夹角都可以达到180°。当展开时，最小展开跨距3.3m，工作幅度为28m；单侧支撑跨距6.3m，工作幅度为41m；支腿全展跨距9.8m，工作幅度为42.5m。大跨度举高喷射消防车具有较强的跨越能力，工作幅度和臂架形式都有利于跨越作战。

（二）大跨度举高喷射消防车跨越能力分析

化工装置现场需要跨越的障碍较多，主要包括管线和框架结构，应根据着火的不同部位，进行障碍跨越，实施冷却。如图4-7所示，2011年某公司发生了一起常减压装置的火灾，火点位置为框架结构的中间部位，实施冷却需要跨越管线。

图4-7 某公司常减压装置火灾管线情况

在此次火灾扑救中，现场冷却阵地是1部18m双臂架的举高喷射消防车，该车跨越管线实施冷却，如图4-8所示。可以看出，举高消防车不能够完全跨越管线，喷射的灭火剂跨越后呈现分散状，冷却水的冷却目标并不明确，造

成灭火剂的浪费，冷却效果较差。

图 4-8 化工装置火灾扑救现场高喷车跨越管廊冷却

如果应用大跨度举高喷射消防车进行冷却，可以非常容易跨越此类管廊，并在水平方向实现至少20m的跨越，可实现跨越后的精准冷却，以阻截火势的蔓延变大，避免爆炸、倒塌事故的发生。大跨度举高喷射消防车跨越展开形式可通过1、2节臂垂直、3节臂倾斜、4、5节臂水平的展开方式实现，如图4-9所示。

图 4-9 48m 大跨度举高喷射消防车跨越展开示意图

对于某公司常减压装置的火灾，如果应用大跨度举高喷射消防车进行跨越管线冷却，示意图如图4-10所示。大跨度举高喷射消防车凭借其灵活的臂架结构和优越的跨越能力，可以跨越管廊后实现水平伸展，进行精准冷却。

图 4-10　大跨度举高喷射消防车跨越管廊实施冷却示意图

另外，化工装置的框架结构也是设置冷却阵地的障碍。2012年，安徽某化工厂发生爆炸火灾，现场的火点位于反应塔和框架结构中间，框架结构对于举高喷射车的冷却阵地的设置形成障碍。举高车虽然高于框架结构，但是由于跨越能力有限，只能实施高点打击，冷却水飘散落下，不能够实现精准冷却，如图4-11所示。

图 4-11　某化工装置火灾中高喷车火场冷却阵地

利用大跨度举高喷射消防车的跨越能力，可以跨越框架结构形成的障碍，实现近距离精准冷却，如图4-12所示。一般情况下，化工装置的框架结构约为3～4层，高度25～30m，大跨度举高喷射消防车能够实现完全跨越后的冷却。

图 4-12 48m 大跨度举高喷射消防车跨越化工装置框架结构冷却

四、大跨度举高喷射消防车探伸冷却应用

在化工装置事故现场，有时候不需要跨越障碍冷却，但是需要进行探伸冷却。对于高大的反应塔、蒸馏塔和加热炉等化工装置，其发生泄漏、燃烧，或者被热辐射强烈烘烤时，往往需要高强度冷却。例如2012年，安徽某化工装置火灾中，30m高的蒸馏塔被火焰直接包裹，如图4-13所示。在火灾扑救

图 4-13 某化工企业氯苯火灾被烘烤的蒸馏塔

过程中，救援力量设置了冷却阵地，对蒸馏塔进行了冷却控制。然而，由于火势较为猛烈，现场的作战装备不足以完全冷却蒸馏塔，强烈的热辐射导致蒸馏塔失去承重能力，从而发生倒塌，倒塌的蒸馏塔给现场作战人员带来极大的安全威胁，并且直接影响了周围的化工装置，导致后期发生了二次倒塌，如图4-14所示。

图 4-14 某化工企业氯苯火灾蒸馏塔倒塌现场

此时，如果应用大跨度举高喷射消防车进行冷却阵地的设置，可以将车辆停靠在一定安全距离处，应用其强大的跨越、探伸能力，实施探伸冷却，大跨度举高喷射消防车臂架展开模式如图4-15所示。

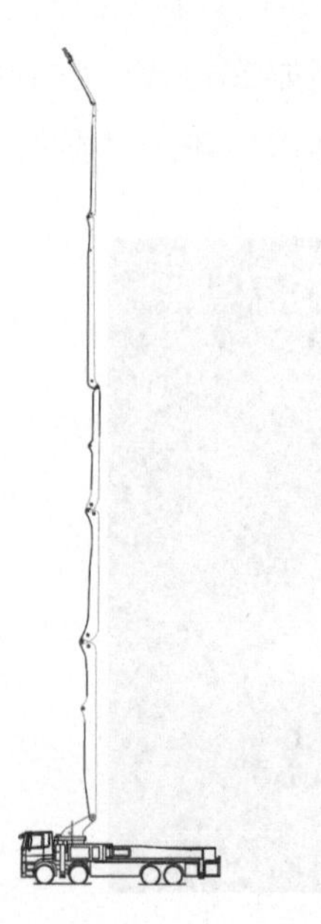

图 4-15 大跨度举高喷射消防车探伸冷却展开模式

除了反应塔、蒸馏塔、加热炉等高大装置外，密集程度较高的框架结构内发生的火灾，也可以应用大跨度举高喷射消防车的探伸方式进行冷却。如图4-16所示，2011年辽宁某常减压装置火灾中，火点位于框架结构较深内部，在外围虽然设置了较多冷却阵地，但是冷却效率较低。大量的冷却水全部被外围的装置遮挡。如果应用大跨度举高喷射消防车的探伸能力，可将冷却阵地尽量贴近着火点，会有更好的冷却效果。

图 4-16　某化工装置火灾扑救冷却现场

第二节　大跨度举高喷射消防车稀释战术应用

如果化工装置发生了泄漏事故，其危险性大于火灾事故，泄漏介质有可能是易燃易爆的气体，也有可能是有毒有害的物质，还可能是腐蚀性较强的化学物质。针对泄漏事故，实施喷雾水稀释，可大大降低现场危险性，可降低有毒物质的浓度，降低易燃易爆的可能性，减小腐蚀性物质的危害。

一、化工装置泄漏稀释战术需求分析

用喷雾水稀释是抑制化工装置事故现场发生燃烧、爆炸、中毒的重要手段。

（一）稀释可以降低有毒物质的危害

在化工装置事故中，经常会遇到H_2S气体、氯气、氨气等有毒危险化学品。2019年，某化工有限公司物流部磷酸灌装区内发生一起H_2S气体中毒事故，造成3人死亡，3人受伤。在大多数石油原料和产品中都含有一定量的H_2S气体。

图 4-17 化工装置有毒气体泄漏喷雾水稀释阵地

利用水幕水带、屏障水枪、喷雾水枪等设置喷雾水阵地，可稀释有毒气体，限制有毒气体扩散，减小有毒气体的波及范围。因此，在化工装置泄漏事故现场，应该及时设置喷雾水阵地，稀释有毒气体，降低有毒气体的危害。如图4-17所示，2011年，四川某多晶硅公司生产中，“氢化工序”回收装置换热器发生泄漏并自燃（主要成分氯硅烷），产生有毒烟雾，现场采取喷雾水稀释，驱散降毒。

（二）稀释可以降低可燃气体浓度

化工装置现场大多数的泄漏物质为易燃易爆气体，爆炸下限比较低，引爆温度也很低，非常容易发生燃烧和爆炸。通过设置喷雾水阵地可限制可燃气体的波及范围，降低可燃气体浓度，减小爆炸危险性，减小可燃气体的波及范围。2018年，某化工有限公司发生一起液氨泄漏事故，如图4-18所示。氨气既是有毒气体，又非常容易发生爆炸，但是氨气极易溶于水，生成不会发生爆炸的氨水。因此，在可燃气体发生泄漏后，特别是氨气此类易溶于水的可燃气体发生泄漏后，大量喷雾水可直接溶解氨气，降低浓度，限制其波及范围。对于化工装置、液化天然气等易燃易爆气体，喷雾水也有较好的稀释作用，可以降低可燃气体浓度，降低爆炸危险性。

图 4-18　某化工装置液氨泄漏现场喷雾水稀释情况

（三）通过稀释降低腐蚀物质的腐蚀性

除了有毒物质和易燃易爆品之外，化工装置事故现场危险性较大的化学品为腐蚀品，包括盐酸、硫酸、王水和各种碱类产品。2008年8月26日，浙江某化工企业40t盐酸储罐发生泄漏事故，为了降低酸性腐蚀，现场应用喷雾进行了稀释，如图4-19所示。

图 4-19　喷雾水稀释酸性泄漏物质

二、化工装置泄漏稀释作战难点分析

（一）稀释阵地设置难度较大

利用喷雾水阵地进行阻隔、稀释、驱散时，必须靠近事故现场设置相关阵地，如图4-20所示。但是，由于化工装置现场的危险化学品的燃爆特性、毒害性和腐蚀性，靠近现场设置阵地危险性非常大，一旦操作不慎，就有可能引发爆炸。在腐蚀物质泄漏现场，稀释阵地有可能被腐蚀、破坏，失去效能。

图4-20 某化工装置泄漏事故现场

（二）常规稀释阵地控制范围有限

由于化工装置往往比较高大，泄漏事故有可能发生在高点部位，常规的水幕发生器如喷雾水枪、水幕水带和屏障水枪的稀释范围有限，特别是对于高点的泄漏气体的稀释几乎失去效果。如图4-21所示，稀释阵地难以控制泄漏气体。

（三）高喷阵地难以实现精准稀释

虽然常规高喷车喷射雾状水，可以解决高点泄漏问题，但是如果泄漏部位处于较为核心处，周围会有管线和化工装置对高喷车形成障碍，导致喷雾

图 4-21　化工装置高点泄漏部位稀释图

水阵地的稀释效果很差。如图4-22所示，该化工装置泄漏部位为中心处，由于周边管道和地面环境的影响，稀释阵地很难直接覆盖泄漏部位，会导致泄漏气体四处扩散。

图 4-22　某化工装置泄漏现场

三、大跨度举高喷射消防车喷雾水阻隔阵地的设置方法

化工装置现场结构较为复杂，泄漏部位具有一定的不确定性，化工装置现场的危险化学品性质多样，泄漏后表现出的理化性质和泄漏规律各不相同。如果泄漏部位较高，泄漏物质属于密度较大的物质，很容易形成立体扩散状

况，危险性非常大。特别是，化工装置现场往往设置很多加热炉、反应釜和反应塔，这些都是易燃易爆气体泄漏后的引爆源。例如，2015年4月6日漳州古雷火灾的起火原因，就是易燃易爆气体发生泄漏后被吸入加热炉引发爆炸，如图4-23所示。

图4-23 古雷火灾泄漏情况

因此，在化工装置泄漏事故现场，泄漏介质的阻隔非常重要，可通过大跨度举高喷射消防车设置喷雾水阻隔阵地，较为灵活、精准地进行阻隔。大跨度举高喷射消防车的展开方式，可根据现场具体情况进行设置，可以如图4-24的形式进行展开。

图4-24 大跨度举高喷射消防车喷雾水阻隔阵地

四、大跨度举高喷射消防车喷雾水稀释阵地的设置方法

为了能够降低泄漏气体浓度，防止爆炸的发生，降低有毒气体的伤害，应稀释腐蚀等物质的浓度，可利用喷雾水进行充分稀释。利用大跨度举高喷射消防车卓越的跨越能力，可以将喷雾水阵地进行跨越和探伸，尽量接近泄漏位置进行稀释。此种作战模式，体现了“精准打击”的理念，使得稀释效果更加显著。如图4-25所示，某化工装置框架结构高点部位发生了泄漏，可利用大跨度举高喷射消防车的优异跨越能力，跨越较大的横向距离和大多数化工装置的框架结构，实现精准的喷雾水稀释，减少泄漏气体的波及范围，降低了燃烧、爆炸的可能性。

图4-25 大跨度举高喷射消防车稀释阵地设置展开模式

又如，在2019年江苏某化工事故处置中，爆炸现场有较高浓度的酸性物质，腐蚀性非常强。另外，由于爆炸的原因，现场障碍非常多，一般车辆很难实现跨越、精准稀释，而大跨度举高喷射消防车在这样的现场展现出非常优越的性能。如图4-26所示，大跨度举高喷射消防车停靠在较为安全的路面处，实现横向大范围跨越，喷出喷雾水进行腐蚀物质的稀释，不但可以降低危险性，覆盖范围还非常大，提高了作战效率。

图4-26 大跨度举高喷射消防车横向跨越稀释

第三节　大跨度举高喷射消防车精准打击战术应用

在化工事故处置中，为了实现快速灭火，有效控制火势，彻底清除危险源，常采取近战灭火的战术方法，实现着火部位的精准打击。

一、化工装置事故处置精准打击战术需求分析

（一）初期快速灭火

化工事故发生初期，火势处于发展蔓延的态势，如图4-27所示。此时，如果能够实现快速灭火，可有效遏制火势的蔓延变大，可将损失降低到最小，减少作战时间，提高作战效率。因此，在化工事故初期，在确定可以实施灭火后，应选择“快攻、近战”的战术方法，第一时间实施火势打击。

图 4-27　化工装置初期火灾

（二）控制火势

化工事故处置过程中，经常用到“控制”的战术方法进行处置。例如，在有毒有害气体、易燃易爆气体发生泄漏并燃烧的现场，在不能切断泄漏源的时候，不提倡实施灭火。如果将火灾扑灭，可能会造成大范围的毒气扩散，或者造成爆炸事故的发生，事故处置难度变大，事故波及范围难以控制。此时，提倡采取控制的方法，维持着火点的燃烧。再如，如果化工装置事故

火势已经变大，并且有蔓延的趋势，当现场救援力量不足以处置时，可采取“选择性放弃”的方式，放弃失控部位，保护火场的主要方面，采取“控制”的方式。如图4-28所示，某化工装置火势较大，现场救援力量不足，应主要采取控制的方式，防止火势的进一步蔓延扩大。上述两种情况，在实施控制时需要做到精准打击，不应该轻易将火打灭。

图 4-28 某化工装置失控火灾

（三）清除残火

化工装置系统往往较为庞大，多涉及反应釜、反应塔、物料输送管线、加热炉、框架结构等多个部位。装置内部涉及的危险化学品物料品种繁多，状态多样，在发生火灾后，容易出现多火点燃烧情况。如图4-29所示，为某

图 4-29 某化工装置火灾多火点燃烧情况

化工装置火灾扑救末期的多火点燃烧情况。在此种情况下，物料几乎已经燃烧殆尽，危险基本消除，需要实施精准灭火。

二、化工装置事故处置精准打击作战难点分析

（一）需要跨越障碍较多

化工装置现场布置了众多的管线、反应釜、反应塔、换热器、加热炉等设备，并且化工装置常建设有框架结构，其内各类设备密集分布，如果化工装置某个部位发生火灾，则灭火时需要跨越的障碍较多。如图4-30所示，某化工装置中间部位发生火灾，如果想要进行火灾扑救，则需要跨越众多管线，以及相应的装备、设备和框架结构，难度较大。如图4-30所示，现场救援力量应用了举高消防车进行泡沫炮的覆盖，由于需要跨越的障碍较多，需要跨越的距离较远，明显看出，举高消防车的射流属于大范围覆盖，不能准确地覆盖火点，精准打击的效果不好。

图4-30　某化工装置中间部位发生火灾

（二）高点火势难以打击

在化工装置现场，无论是反应塔、精馏塔，还是换热器、加热炉，都属于较为高大的设备，有的设备高达几十米，甚至上百米。如果发生火灾，火点位于上述设备的较高位置，则火势的扑救较为困难。如图4-31所示，为某化工装置高点部位起火，火势有蔓延扩大的趋势，此时急需进行火势的精准打击。然而，从图中可以看出，由于火点较高，并且需要有一定的跨越，举高车的射流虽然可以覆盖着火部位，但是难以实现精准打击，降低了灭火效果。

图4-31 某化工装置反应塔火灾

（三）移动装备难以实现大范围精准覆盖

由于化工装置体量较大，危险化学品种类繁多，在发生火灾后，容易形成多火点燃烧的态势，灭火阵地的覆盖范围要求较为宽泛。另外，在很多化工装置事故处置末期，也会出现多处残火的情况，需要进行大范围的精准灭火。从已发生的众多化工装置火灾案例来看，现有移动装备难以实现大范围的精准覆盖灭火。如图4-32所示，为某化工装置框架结构三层部位发生火灾，现场救援力量分别利用高喷炮、移动炮和车载炮进行火势打击，但是均未体现出较好的精准打击效果。如果扑救多个着火点，普通移动装备的大范围精准打击将更为困难。

图 4-32　某化工装置框架结构三层起火

三、大跨度举高喷射消防车精准灭火应用

大跨度举高喷射消防车针对化工装置进行跨越作战非常轻松，也意味着大跨度举高喷射消防车在化工装置处置现场的覆盖范围非常大，并且利用其多臂架的多种组合形式，可以实现化工装置各部位的精准打击。在化工装置事故处置现场，大跨度举高喷射消防车可以实现冷却、稀释和精准打击等多项作战任务。如图4-33所示，某化工装置发生事故后，在处置过程中，大跨度举高喷射消防车成功跨越障碍，实施精准打击进行灭火。

图 4-33　化工装置储罐多罐破损事故现场

第四节　大跨度举高喷射消防车战斗编成

在火灾扑救中，车辆、装备、器材的协同配合非常重要。只有合理实现车辆、装备、器材的有机结合，充分发挥各种装备的性能，形成合力，才能确保事故处置过程中灭火剂的供给，提升作战效率，才能最大程度实现灭火救援的战斗力。为了达到车辆、装备、器材的协同配合，应该尽量实施编组作战，即应用战斗编成的方式。

一、战斗编成影响因素分析

在化工装置事故处置中，战斗编成的影响因素较多，主要有以下几个方面。

（一）战术方法的影响

在化工装置事故处置现场，最主要的战术方法包括冷却、稀释、置换、精准打击等。在处置过程中，要根据现场具体情况采取不同的战术方法。化工装置事故处置现场的主要灭火剂是水和泡沫，但是冷却、稀释、灌注的作战目的不同时，射流状态不同，供水要求也不同，力量编成会有所区别。

（二）车辆、装备性能的影响

车辆、装备性能决定了力量编成方式，主要体现在泵炮流量、泵压力、车辆载灭火剂量等方面。如果主战车辆为水罐车，应用大流量水炮实施冷却，则必须编组供水车辆；如果主战车辆为泡沫消防车，则编组车辆应该既有供水车辆还有供泡沫液车辆。如果主战车辆为高喷消防车，其载水、载泡沫量较少，只能实现短时间作战，则需要大流量的供水和供泡沫液车辆的支持，形成稳定的作战编成。

（三）水源情况的影响

水源情况对于作战编成的影响主要体现在流量、储水量和距离三方面。

在流量方面，不但要考虑单个消火栓流量，还要考虑整个管网的流量情况，即罐区消防泵的情况。单个消火栓流量越小，需要编组的供水车辆越多；罐区管网流量决定了主战阵地的数量以及天然水源的应用。在储水量方面，要考虑蓄水池的水量和天然水源情况。在距离方面，要考虑消火栓的设置密度以及天然水源的距离。消火栓密度越小，天然水源距离越远，远距离供水需求越大，接力编成车辆越多。

二、化工装置事故处置冷却战斗编成

（一）冷却战斗编成依据

大跨度举高喷射消防车的水炮最大流量为80L/s，载水量为2t，如果不外接水源，水炮可持续喷射25s。如果外接4条80mm水带连接消火栓，每条水带流量约20L/s，可以满足供水需求（如单个消火栓流量较大，可减少供水线路）。

（二）冷却战斗编成模式

如果厂区内单个消火栓流量可达到40L/s，则可以采取供水车辆分别出双干线给前方主战举高喷射消防车供水，水炮编成可以采取如图4-34所示的SP-121式编成，即1个供水车辆占据一个消火栓，分别出2条双干线向前面主战车供水，主战车自己占据一个消火栓，确保供水流量，主战车辆出1门高喷水炮，对化工装置实施冷却、降温。

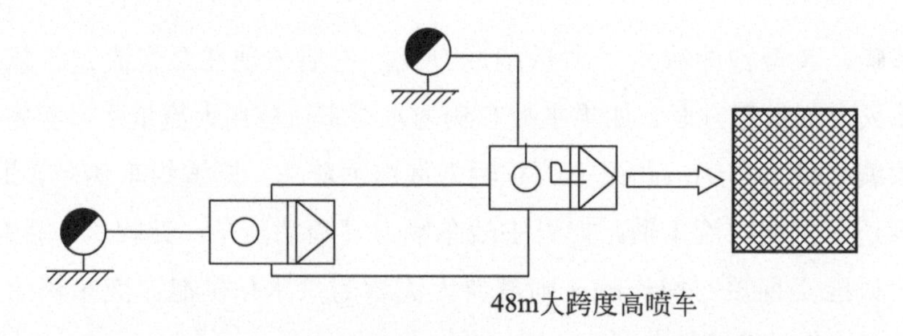

图4-34　大跨度举高喷射消防车SP-121式水炮编成

如果水源较远，主战车周边没有消火栓，也可以采取图4-35所示的SP-221的方式进行力量编成，即2个供水车辆，分别占据消火栓，分别出双干线向主战车供水，主战车不占据消火栓，出1门高喷水炮，实施冷却。

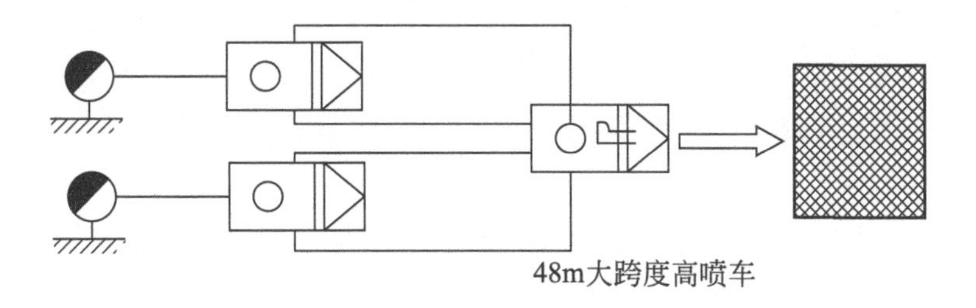

图 4-35　大跨度举高喷射消防车 SP-221 式水炮编成

（三）冷却战斗编成示例

2011年，上海浦东新区某炼油厂炼油三部2号延迟焦化装置发生爆燃事故，燃烧部位为装置焦炭塔南塔顶部，高度约55m。消防救援力量到场时，火势已经呈现猛烈燃烧态势，如图4-36所示。在高温炙烤下，延迟焦化装置顶部已经发生了变形，并且已经局部倒塌。在这种情况下，装置有发生整体倒塌的可能，火势可能会进一步蔓延扩大，甚至有发生爆炸的危险。为了防止火势进一步蔓延扩大，避免倒塌和爆炸等事故的发生，应实施火场充分冷却。

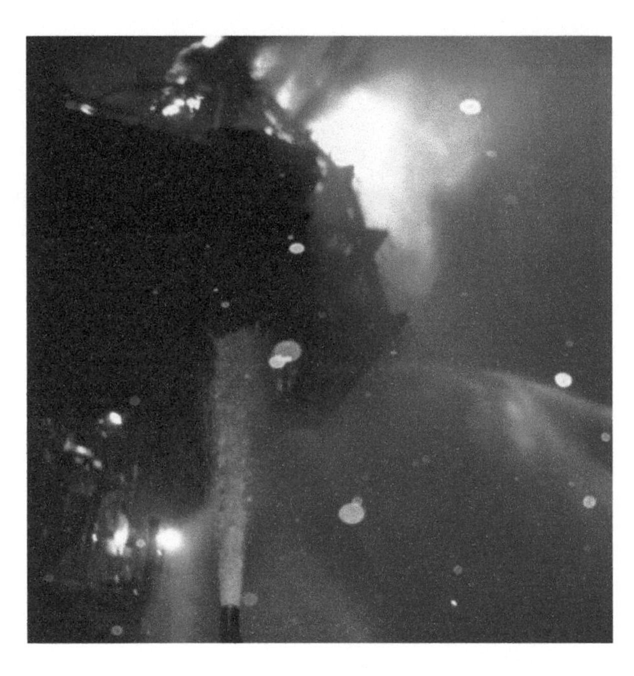

图 4-36　化工装置球罐区火势

考虑到现场水源充足，如果利用大跨度举高喷射消防车实施火场冷却，可实施SP-121的供水编成方式，即1辆水罐消防车占据1个消火栓，双干线给大跨度举高喷射消防车实施供水，大跨度举高喷射消防车停靠在事故装置一侧，独立占据1个消火栓，利用高喷水炮对着火部位实施冷却，如图4-37所示。

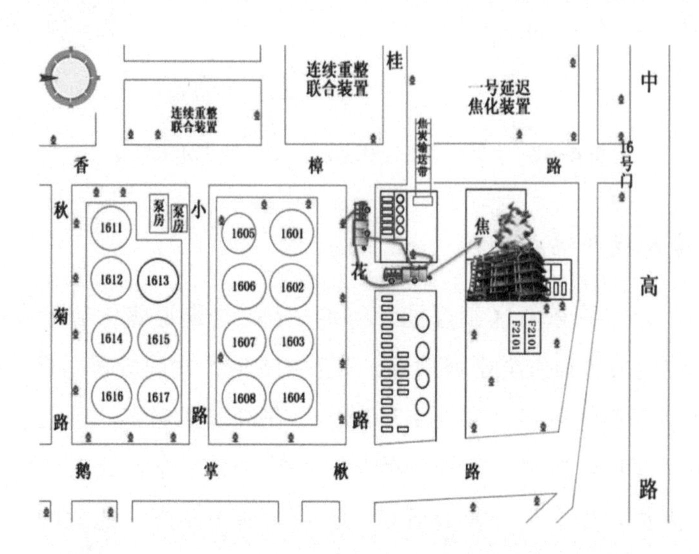

图 4-37 某化工装置火灾扑救 SP-121 力量编成冷却力量部署图

如果现场空间较大，需要将大跨度举高喷射消防车靠近事故装置进行设置，也可以采用SP-221的供水编成方式进行阵地设置，如图4-38所示。

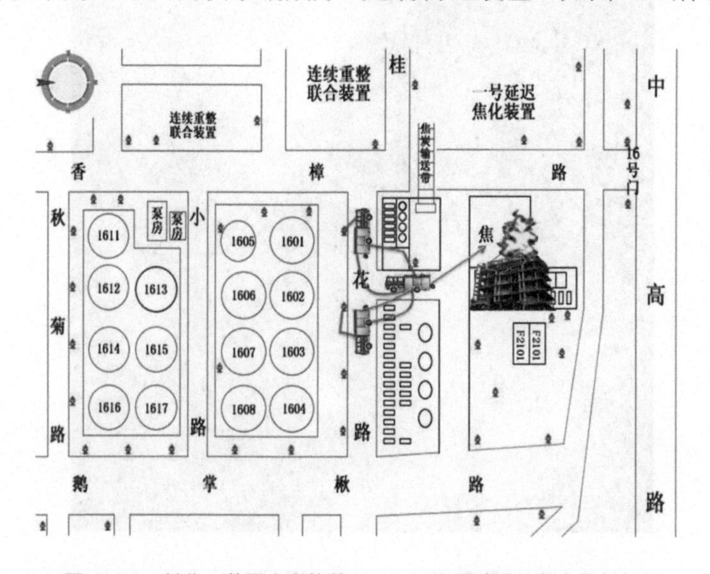

图 4-38 某化工装置火灾扑救 SP-221 力量编成冷却力量部署图

三、化工装置事故处置稀释战斗编成

（一）灭火战斗编成依据

由于稀释方式也是应用大跨度举高喷射消防车的水炮，所以其供水方式可以按照SP-121和SP-221的方式进行编成，从而确保80L/s的水炮流量。

（二）灭火战斗编成模式

大跨度举高喷射消防车水炮的最大喷雾水直径约为6m。利用大跨度举高喷射消防车优异的跨越能力，可以将炮头探伸到化工装置上部，从上面喷射喷雾水，形成阻隔的屏障，阻截气体扩散，其阻隔的长度为喷雾水直径长度，即为6m。利用大跨度举高喷射消防车卓越的跨越能力，可以将喷雾水阵地设置在泄漏气体正上方，采取“淋浴式”作战模式，喷射喷雾水对化工装置进行稀释时，稀释的范围应按喷雾水覆盖面积计算，稀释的面积约为28m²。如果利用大跨度举高消防车进行泄漏气体的驱散，水炮的位置较低，其驱散有效范围可按照长度进行计算，驱散的长度为喷雾水直径长度，即为6m。由此，可根据不同需求，明确使用方法和战斗模式。

（三）灭火战斗编成示例

2014年8月4日，某石化公司30万吨/年气体分馏装置发生可燃气体泄漏。如图4-39所示，泄漏的可燃气体四处扩散，极为容易发生燃爆事故。从图中可以看出，泄漏气体有较为明显的向低洼处和向下风方向扩散的趋势。

图4-39 化工装置发生气体泄漏

为了避免燃烧、爆炸事故的发生，应利用喷雾水对泄漏气体进行阻隔、稀释和驱散。

可利用“阻隔式”和“喷淋式”的方式实施喷雾水冷却，根据水源情况，可采取SP-121和SP-221的供水编成模式。图4-40为大跨度举高喷射消防车在实施化工事故现场稀释时采取的SP-221的供水编成模式。

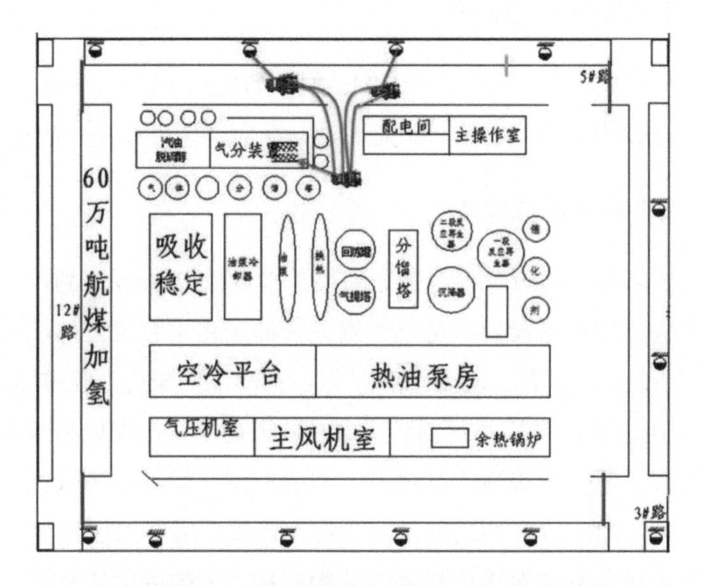

图 4-40 化工装置事故现场稀释时采取 SP-221 的供水编成模式

四、化工装置事故处置精准打击战斗编成

（一）灭火战斗编成依据

精准打击方式主要应用大跨度举高喷射消防车的水炮和泡沫炮，如果利用水炮实施喷射火的压制，其供水可以按照SP-121和SP-221的方式进行编成，从而确保80L/s的水炮流量；如果利用泡沫炮进行覆盖灭火，可采取PP-221的编成方式，即2辆泡沫车分别占据1个消火栓，分别双干线供给泡沫混合液，1辆主战车辆喷射泡沫实施灭火。

（二）灭火战斗编成模式

大跨度举高喷射消防车的精准打击战术，主要依靠的是大跨度举高喷射消防车的举高能力和跨越能力，将水炮靠近着火点，实施精准灭火。大跨度举高喷射消防车泡沫炮的最大流量为80L/s，理论上可以覆盖500m^{2}的油品火灾。如果是气体喷射火，可以考虑应用80L/s的大流量水炮进行火势压制。因此，在实施精准打击时，火场的力量编成可根据现场水源情况，采取PP-221的方式进行编成。

（三）灭火战斗编成示例

某化工装置发生泄漏后，泄漏气体遇到点火源发生火灾，如图4-41所示。由于火点位置较高，现场存在需要跨越的障碍，在扑救过程中，移动炮和水枪都难以准确打击着火点。

图4-41 某化工装置初期火灾扑救

此时，如果不能尽快控制火势，可能会导致火势的进一步蔓延变大，导致爆炸、倒塌等次生灾害的发生，此种情况下，可利用大跨度举高喷射消防车进行跨越障碍后的精确打击。

第五节 典型战例复盘与应用示例

一、火灾基本情况

2012年，山东某300万吨常减压生产装置减三线管道发生爆炸泄漏并引发大火。

（一）单位情况

该厂占地面积3800亩，现有员工1800余人。分为两个厂区，北区为生产区，以石油加工为主，共有16套装置，主要生产汽油、柴油、液化气、MTBE（汽油添加剂）、苯、芳烃、焦炭、二甲醚等产品，年加工能力520万吨；南区为热电厂、成品油罐区和报废的溶剂油装置。该厂东面为黄河路，南面为化工厂，西面为村庄，北面为空地，距消防大队约4km。

（二）着火装置情况

生产工艺流程：原油经过换热器脱水、脱盐后进入初馏塔生产出汽油和底油，经过常压塔产出汽油、柴油和底油，底油再进入减压塔生产出蜡油和渣油，渣油送入焦化装置进一步加工，如图4-42所示。

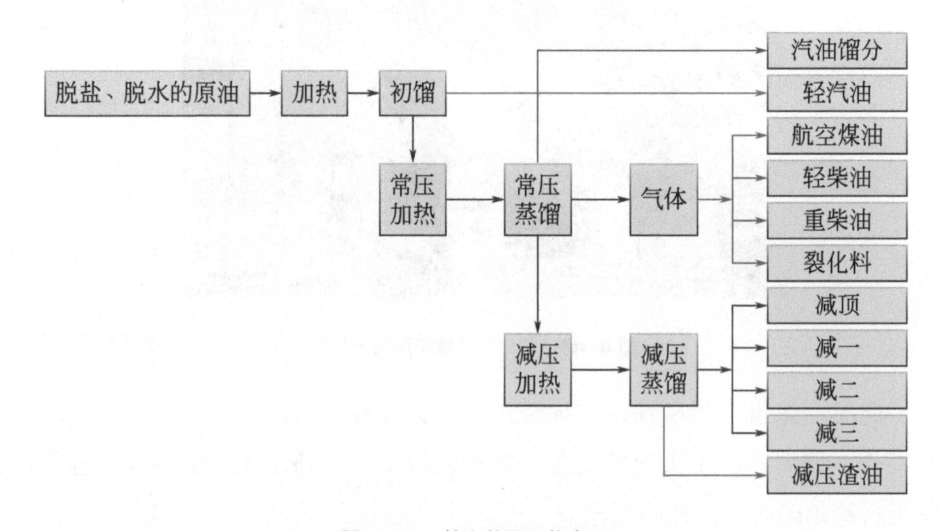

图4-42　着火装置工艺流程

装置本身情况：装置区域东西长120m，南北宽70m，由东至西分别为换热区三层平台、初馏塔、常压塔和常压炉、减压空冷三层平台、减压塔和减压炉。常压塔、减压塔高度均为58m，其顶部、中部及底部分别连接常一线、常二线、常三线和减一线、减二线、减三线，常压管线内为汽油、柴油，减压管线内为蜡油。三条减压管线在距地面8m处会合，平行向东经过常压塔南侧进入换热区。换热区二层平台有2个20吨的成品油中转罐，常压炉和减压炉下有1个9.2m^3的高压主瓦斯罐和2个4.13m^3的分瓦斯罐，如图4-43所示。

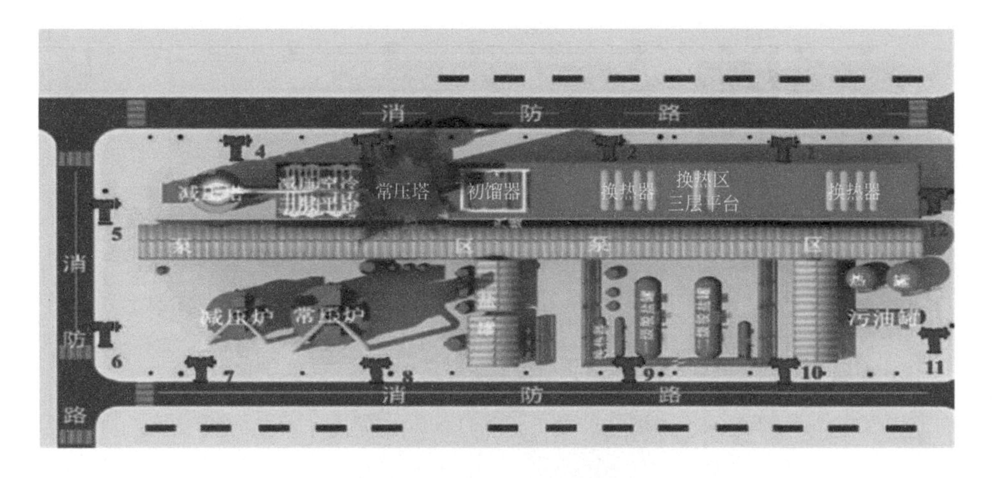

图 4-43 着火装置情况

装置毗邻情况：起火装置东面为调度楼和配电室，东南面为100万吨常减压装置，南面为40万吨常减压装置和原油罐区，西面为利河路，北面为篮球场和办公楼。

（三）燃烧物理化性质

本次火灾主要燃烧物质是减压蜡油。减压蜡油是焦化、催化装置的原料，黑绿色，不溶于水，易燃，密度为0.941g/cm^3，硫含量1.48%，残炭4.18%，初馏点275℃（50%：396℃，90%：432℃，95%：448℃），闪点150～220℃，燃烧产物主要为二氧化碳。

（四）消防水源及消防设施情况

厂区固定消防设施为消火栓系统，采用临时高压给水系统，3台410m^3/h的消防泵，总流量为340L/s，环状管网，管径250mm，地上消火栓117个，水源为2个3000m^{3}储水罐；南区热电厂内有1个4000m^{3}消防水池；干粉灭火器1260具。着火装置区周围有10个消火栓，74具干粉灭火器。详情如图4-44所示。

（五）气象情况

当日天气晴，东南风2级，气温25℃，相对湿度72%。

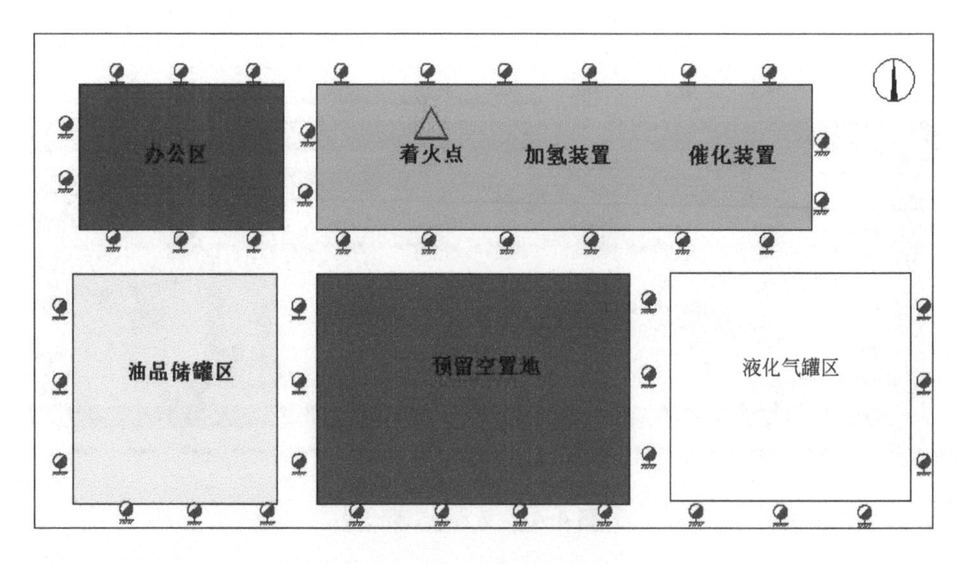

图 4-44 着火装置周围水源情况

二、初期控火

（一）火灾情况

起火部位是常压塔下方南侧减压塔的减三线管道，如图4-45所示。由图可以看出，着火点位于较高位置，此时火势并不是非常大，但是有蔓延扩大的趋势。流淌火势有从高处向下滴落的情况，热辐射和流淌火威胁着周围的设备。

图 4-45 常减压装置初期火势情况

（二）处置情况

20时56分，石化专职消防队值班队长听到厂区西南侧传来爆炸声，立即出动3辆消防车15名消防员前往处置。20时58分，石化专职消防队到达现场，立即利用泡沫消防车车载水炮在装置东北侧进行冷却降温，干粉消防车和泡沫干粉联用车在装置南侧消灭地上流淌火，力量部署如图4-46所示。

图 4-46 常减压装置初期火势处置情况

（三）大跨度举高车的应用分析

由图4-45可以看出，初期火势并不是非常大，如果能够实现精准打击，可以实施灭火处置。但是，企业消防队的力量较为薄弱，采取了控制火势的战术方法，1辆消防车实施水炮冷却，另外2辆消防车实施干粉-泡沫联用扑灭地面流淌火。

如果利用大跨度举高喷射消防车，可以精准打击，实施灭火。可考虑采取PP-221的编成方式，直接覆盖着火点，如图4-47所示。

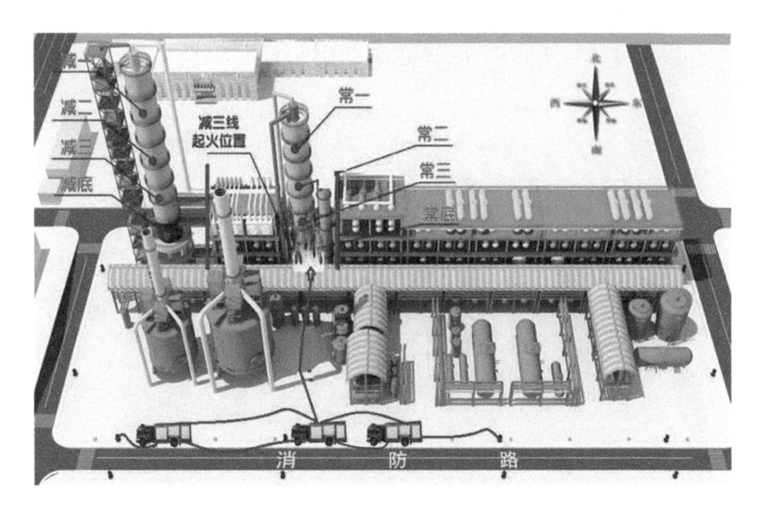

图 4-47 常减压装置火灾初期大跨度举高车灭火力量部署

三、冷却抑爆

（一）火灾情况

21时02分，消防大队到达现场，经侦察了解常压塔内有20余吨高温物料，无法实施输转。当时常压塔外层已开始燃烧，并向东西两侧的初馏塔和减压平台蔓延，严重威胁着换热区二层的成品油中转罐。常减压装置火灾蔓延情况如图4-48所示。

图4-48 常减压装置火灾蔓延情况

（二）处置情况

消防中队和石化专职队通过采取“强冷抑爆”的措施，利用5门水炮有效遏制了火势的蔓延速度，阻止了火势向初馏塔和减压平台蔓延，如图4-49所示。

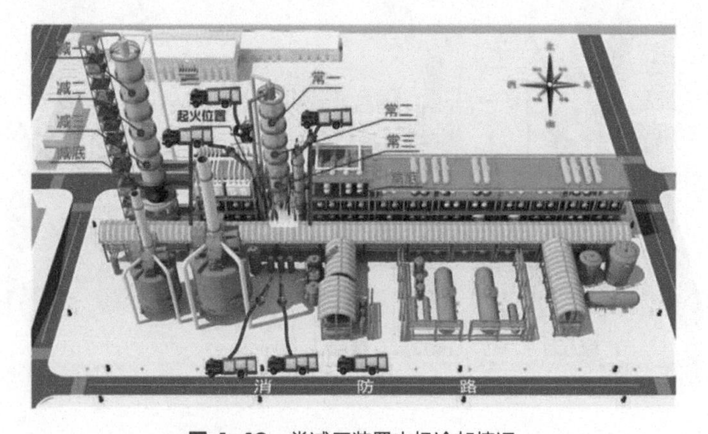

图4-49 常减压装置火场冷却情况

（三）大跨度举高车的应用分析

由图4-48可以看出，常减压装置火灾已经呈现立体燃烧的状态，火势有向初馏塔和减压平台蔓延的趋势。因此，火场的重点冷却、抑爆部位应该为邻近的初馏塔和减压平台。在图4-49中可以看出，处置力量共设置了5门水炮，分别实施两侧的冷却。但是，可以看出，5门水炮均为车载水炮，水炮的覆盖、冷却效果不好。由于高度、角度和障碍的影响，大量冷却水被浪费。

如果利用大跨度举高喷射消防车，可以实现精准冷却，减少冷却水的浪费，提高冷却效率。可根据水源分布情况，按照SP-121和SP-221的力量编成方式进行阵地设置，分别设置2个大跨度举高喷射消防车冷却阵地，分别冷却邻近的初馏塔和减压平台，力量部署如图4-50所示。

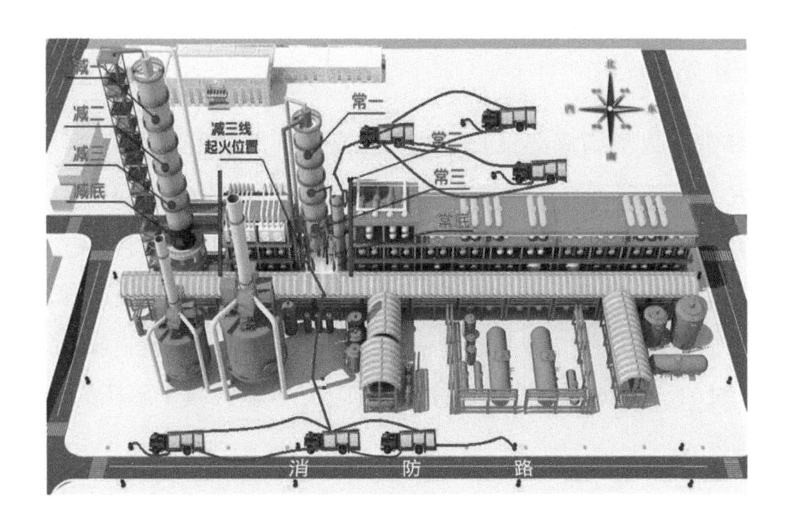

图4-50 常减压装置大跨度举高车冷却力量部署

四、强攻灭火

（一）火灾情况

在经历了充分冷却后，现场救援力量逐渐充足，供水线路趋于稳定，灭火剂集结完毕，开始实施强攻灭火。经过2个多小时不间断冷却灭火，常压塔和减压空冷平台火势均被扑灭，仅剩常一线顶部和减三线下方流淌火燃烧，如图4-51所示。

图 4-51 常减压装置强攻灭火情况

（二）处置情况

23时45分，火场指挥部果断下达“居高临下消灭常一线火势，强攻近战消灭流淌火，同时保持冷却强度”的命令。装置南侧特勤中队车载炮和曹州路中队高喷炮扑灭常一线顶部火势；装置南侧黄河中队、河口中队的2门遥控炮及装置北侧垦利中队1门车载炮停止射水，改为各出2支泡沫管枪实施强攻，扑灭地面流淌火；其余参战车辆继续冷却。在7炮8枪密集射流的压控下，17日0时01分，地面流淌火被扑灭，0时05分明火被全部扑灭，力量部署如图4-52所示。

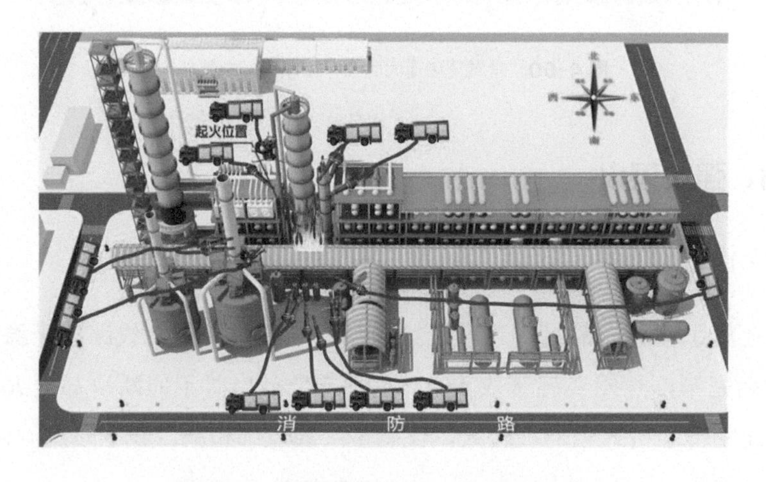

图 4-52 常减压装置强攻灭火力量部署情况

（三）大跨度举高车应用分析

由图4-52可以看出，在实施强攻灭火过程中灭火剂发生了变化，阵地设置实现了由冷却水炮和水枪向灭火泡沫炮和泡沫管枪的转换。同时，阵地设置既有装置上方较高的位置，也有地面流淌火，跨度较大。从实战效果来看，虽然同时设置了7炮8枪，但是大量灭火剂属于“粗犷式”喷射，没有直接作用于着火点，造成了灭火力量的浪费，如图4-53所示。

图4-53 常减压装置强攻灭火情况

如果应用大跨度举高喷射消防车，可以实现高、低各部位的精准打击，可跨越障碍实施精准打击，减少灭火剂的浪费，提升灭火效率，阵地设置可以按照图4-50进行。

五、持续冷却

（一）火灾情况

在明火被扑灭后，现场实施了持续冷却，但是由于化工装置较大，很难确保均匀冷却，常压塔管线出现了两次复爆。究其原因，主要是参战各队、各车、各人的任务分工存在不明确之处，导致有些部位冷却保护范围相互交织、重叠，而有些部位灭火冷却强度不足，冷却不均匀，出现了冷却死角，从而导致复燃的发生。

（二）处置情况

0时38分，火场指挥部会同单位技术人员对现场进行了评估，无复燃复爆危险。指挥部再次调整了力量部署。装置北侧：2门车载炮继续冷却，再出1门车载炮进行冷却；装置南侧：滨海特勤中队车载炮和曹州路中队高喷炮继续冷却，河口中队为曹州路中队供水，其余力量返回。4时，险情彻底解除，消防中队、石化专职队各留2辆消防车看护现场，其他力量全部返回。如图4-54所示。

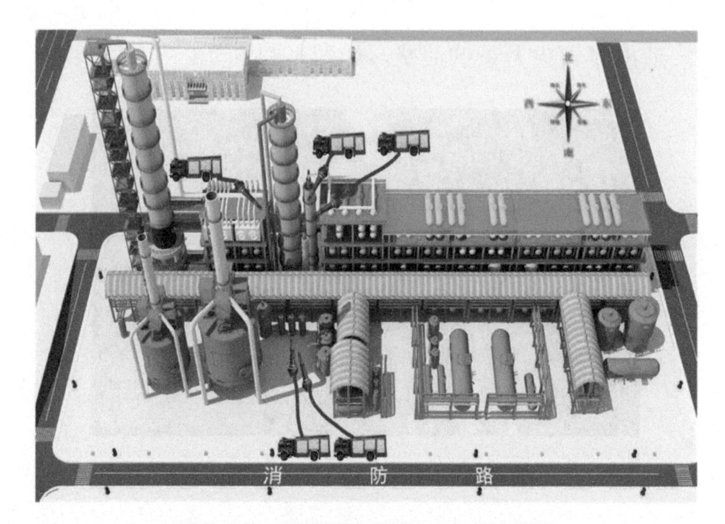

图 4-54 常减压装置持续冷却阵地部署

（三）大跨度举高消防车应用分析

如果应用大跨度举高喷射消防车，依然可以按照图4-50的方式保持阵地设置不变。利用大跨度举高喷射消防车的大流量水炮设置喷雾水冷却，既可达到均匀冷却，又可实现大范围覆盖。如果发生复燃现象，也可以第一时间实施精准打击。此种方式，不但节省了灭火剂，提升了灭火效率，还大大降低了阵地调整的频率，降低了作战难度。

综上所述，在化工装置火灾扑救中，大跨度举高喷射消防车可以实施火场冷却、稀释抑爆和精准打击等战术。基于上述用法，充分体现了大跨度举高喷射消防车的技术优势，可在一定程度上解决化工装置火灾扑救的难点。另外，针对化工装置火灾扑救中的冷却、灭火、稀释驱散的需求，进行了战斗编成的研究，并以化工装置火灾为例进行了示例说明。最后，针对山东某化工装置火灾进行了复盘研究，并针对性地说明了大跨度举高喷射消防车可起到的关键作用。

第五章 厂房、仓库火灾扑救技战术应用

厂房、仓库的火灾扑救是消防救援中的难题之一。一般情况下，厂房、仓库内空间较大，装满各类货品物资，火灾荷载非常大。发生火灾后，由于没有防火分隔，火势蔓延会非常迅速，火场温度快速升高，建筑结构在高温烘烤下容易发生倒塌破坏，造成人员伤亡和经济损失。

第一节 大跨度举高喷射消防车火场冷却的战术应用

为了阻截厂房、仓库火势的蔓延变大，避免发生建筑结构倒塌事故，应该及时采取火场冷却的战术方法。

一、厂房、仓库火灾扑救冷却战术需求分析

厂房、仓库火灾扑救时，火场冷却的主要战术作用体现在阻截火势发展蔓延、防止建筑结构倒塌以及针对火场破拆进行保护。

（一）厂房、仓库的屋顶冷却

通过案例收集和案例分析，发现大多数厂房、仓库火灾都发生了建筑结构的倒塌破坏，而最先倒塌的结构均是屋顶。大多数厂房、仓库的建筑结构为钢结构或者钢筋混凝土结构，其中，钢结构在600℃时将失去承重能力，而钢筋混凝土结构在800℃时发生分解，失去强度。由此可见，高温作用是厂房、仓库在火灾时容易发生倒塌破坏的主要原因之一。如图5-1所示，在高温

作用下，钢结构的厂房发生整体倒塌。

图 5-1 某厂房、仓库火灾中发生倒塌

由于厂房、仓库的空间较大、可燃物较多，火势非常容易发展到猛烈燃烧阶段，火场温度会快速升高，而建筑屋顶是整个建筑最薄弱的地方，也是高温热烟气聚集的地方。因此，在厂房、仓库火灾中，建筑的屋顶一般是最先发生倒塌的部位，特别是彩钢板结构的屋顶，在发生火灾后短时间内会发生倒塌。因此，必须及时对着火的厂房、仓库进行充分的冷却，特别是对于最脆弱的屋顶要进行及时冷却，降低建筑倒塌破坏的可能。

（二）厂房、仓库建筑主体冷却

由于厂房、仓库内部的跨度较大，在发生火灾后，除了屋顶会发生倒塌破坏外，整个建筑结构也有倒塌的可能性。如果建筑整体结构是钢结构，倒塌发生将会比较早，一般在火灾荷载较大，火势猛烈持续20min左右，建筑就有可能发生整体倒塌。如果建筑主体结构为钢筋混凝土结构，火灾猛烈燃烧时间足够长，也会导致建筑发生倒塌。

无论是钢结构建筑还是钢筋混凝土结构建筑，冷却是防止倒塌破坏的最佳手段，而冷却的重点应该为建筑主体的支撑结构，例如承重柱、承重梁等。如图5-2所示，某仓库发生火灾，火势呈猛烈状态，部分建筑结构已经发生倒塌，特别是非承重部分已经发生了明显的变形，而主体结构完全依靠承重柱体来支撑。如果不及时针对承重结构进行充分冷却，该建筑短时间内会发生整体性倒塌。

图 5-2 某仓库火灾火势猛烈

（三）邻近可燃物冷却

由于厂房、仓库内部空间较大，通风良好，货物堆积成片，发生火灾后，火势蔓延较为迅速。如图5-3所示，某仓库内货物高密度堆积，在发生火灾后，火势从着火点处向仓库两侧快速蔓延。此时，应该及时对未燃烧物进行充分冷却，阻截火势蔓延变大。

图 5-3 某仓库火势向两侧蔓延

另外，大多数厂房、仓库均密集布局，多个建筑之间间隔较小，有的为了方便操作还在多个厂房、仓库之间建设了连廊。在发生火灾后，这样的厂房、仓库布局非常容易引发多个建筑起火的情况。如图5-4所示，某厂房发生火灾，由于邻近可燃物冷却不及时，多个建筑均被引燃，并发生整体性倒塌。因此，必须及时冷却建筑主体结构，以阻截火势的蔓延变大。

图5-4 多个厂房、仓库发生大面积火灾并倒塌

二、厂房、仓库火灾扑救冷却作战难点分析

由于厂房、仓库多属于大空间、大跨度建筑，在实施火场冷却时，举高喷射消防车不但需要跨越一定高度，还需要跨越一定水平距离，才能够实施充分、全面的冷却。

（一）屋顶冷却需要跨越

厂房、仓库的屋顶大多数为钢质材料，主要应用钢结构的龙骨作为支撑，覆盖彩钢板。发生火灾后，热辐射直接烘烤屋顶，彩钢板结构非常容易被引燃，钢结构龙骨也容易失去承重能力。如图5-5所示，某厂房火灾中，钢结构屋顶上的彩钢板已经被烧穿，接近屋顶的钢结构已经有变形、倒塌的倾向。因此，厂房、仓库发生火灾后，特别是在火灾初期阶段，其屋顶是重点的冷却部位。

图 5-5 钢结构厂房屋顶被烧穿

然而，屋顶的冷却较为困难。图5-5中厂房虽然只有两层，但是屋顶高度超过了10m。从图中可以看出，利用水枪对屋顶进行冷却，射水只能喷射到屋顶边缘位置，屋顶中间部位还有相当大未被冷却到的部分。如果要对厂房、仓库的屋顶进行充分冷却，则需要应用举高喷射消防车实施跨越冷却。

虽然应用举高喷射消防车实施高点打击，可以在一定程度上解决厂房、仓库顶部的全方位冷却难题。但是，如果建筑跨度较大，普通举高喷射消防车的跨越能力有限，也不能实现屋顶的均匀、全面积冷却。

另外，如果举高喷射消防车的水炮设置过高，距离屋顶过远，虽然可利用水炮进行屋顶的扫射冷却，但是水炮的冲击力有可能导致屋顶的加速倒塌。因此，如果能够实施跨越屋顶后近距离喷雾水冷却，不但可以实现均匀冷却整个厂房、仓库的屋顶，还可以减小射水的冲击，避免倒塌的发生。如图5-6所示，举高喷射消防车虽然可以采取由上向下的水炮冷却，但是由于举高消防车的阵地位置距离着火的厂房较远，臂架结构的原因又导致水炮位置较高，举高消防车的水炮设置较高，虽然可以扫射到屋顶，但是冷却水明显只能覆盖一部分屋顶，且冲击力较大，无法实施近距离、全方位的喷雾水冷却。

图 5-6 某厂房火灾扑救中利用举高喷射消防车冷却屋顶

（二）整体冷却范围大

厂房、仓库内可燃物多，长时间猛烈燃烧会导致建筑的整体倒塌，应及时对承重梁和承重柱进行冷却。然而，由于厂房、仓库多属于大空间、大跨度建筑，中间部位承重结构的冷却非常困难。如图5-7所示，着火仓库跨度较大，对整体实施冷却非常困难，需要跨越一定高度，并且跨越一定水平距离，需要冷却的范围非常大。

图 5-7 某仓库火灾需要冷却的范围较大

（三）阻截阵地设置难度大

厂房、仓库发生火灾后，火势蔓延较为迅速，按照“先控制、后消灭”

的战术原则，必须及时阻截火势的蔓延扩大。如图5-8所示，某仓库发生火灾后，仓库屋顶已被烧穿，建筑主体也有较大范围的倒塌，火势有明显向两侧蔓延的趋势。如果想阻截火势，必须对未燃烧的部位进行充分冷却。但是，由于建筑倒塌危险性非常大，不能实施内攻近战的灭火方法，建筑内部可燃物难以实施冷却，火场堵截非常困难。

图 5-8 某仓库火灾内部蔓延情况

另外，很多厂房仓库均建有多个建筑，且间距较小，甚至设有连廊，其中一个建筑发生火灾后，火势非常容易蔓延到周围的建筑。如图5-9所示，某仓库发生火灾，已进入猛烈燃烧阶段，并向周围仓库蔓延扩大。着火建筑周围还建有多个厂房、仓库和建筑，建筑间距非常小，消防车辆难以靠近，冷却阵地设置非常困难。

图 5-9 某仓库火灾外部蔓延情况

三、大跨度举高喷射消防车的冷却应用

（一）跨越冷却

48m大跨度举高喷射消防车，6节臂架的长度分别为9980mm、7465mm、7075mm、9710mm、6480mm和3065mm，除了第6节臂架，其余臂架之间的夹角都可以达到180°。当展开时，最小展开跨距3.3m，工作幅度为28m；单侧支撑跨距6.3m，工作幅度为41m；支腿全展跨距9.8m，工作幅度为42.5m。优越的臂架性能，使得大跨度举高喷射消防车具有非常好的跨越冷却的能力。

如图5-10所示，可利用大跨度举高喷射消防车跨越厂房、仓库，然后喷射喷雾水对仓库顶部进行大范围、近距离的喷雾水冷却，达到全面冷却目的的同时，还减小了直流射水的冲击力，降低了建筑结构倒塌破坏的风险。大跨度举高消防车优异的跨越能力，可以轻松实现整个屋顶的全覆盖。

图5-10　大跨度举高喷射消防车跨越冷却仓库屋顶

对于屋顶已经被烧穿，或者已经发生屋顶倒塌的厂房、仓库，为了阻截火势的蔓延，也可以采取大跨度举高喷射消防车跨越建筑，从屋顶向下射水，冷却建筑内部可燃物，如图5-11所示。

（二）探伸冷却

在厂房、仓库火灾扑救中，如果着火建筑有很多邻近建筑，火灾非常容

图 5-11　大跨度举高喷射消防车跨越冷却仓库内部可燃物

易蔓延。然而，着火建筑周围环境非常复杂，建筑之间的间隔很小，冷却阵地难以设置。利用大跨度举高喷射消防车杰出的臂架形式，不但可以实现跨越障碍物灭火冷却，还可以实施远距离探伸冷却。如图5-12所示，对于建筑之间狭小的空间，可将大跨度举高消防车的臂架完全探伸进去，从而达到冷却邻近建筑的目的。

图 5-12　大跨度举高喷射消防车探伸冷却

第二节　大跨度举高喷射消防车精准灭火的战术应用

大跨度举高喷射消防车凭借其优异的跨越能力，在厂房、仓库火灾扑救中可以将精准打击战术应用发挥到极致，起到非常重要的作用。

一、厂房、仓库火灾扑救精准灭火战术需求分析

厂房、仓库火灾扑救的作业面大，精准灭火的战术方法在屋顶火灾扑救、建筑内部火点打击以及大规模火势压制等方面都有非常重要的战术作用。

（一）扑救屋顶火灾

厂房、仓库火灾初期阶段，屋顶的建筑材料非常容易被引燃。如果不及时采取灭火措施，火势会快速蔓延，并且会导致建筑结构的倒塌破坏。如图5-13所示，厂房的建筑顶部为彩钢板结构，已经被火势引燃，并且呈现明显的蔓延趋势。此时，需要进行精准打击灭火，才能遏制住火势蔓延，并且不影响周围的建筑结构。

图5-13 某厂房火灾初期屋顶燃烧

（二）打击内部火点

厂房、仓库内部可燃物较多，火灾荷载非常大，着火后，火势会在建筑内部快速发展蔓延。如图5-14所示，某仓库内部发生火灾，火灾处于快速蔓延阶段。此时，如果能够精准打击建筑内部火势，可有效阻截火势蔓延变大，可为火灾扑救工作奠定基础。

图 5-14 仓库内部火势蔓延

（三）压制大规模火灾

厂房、仓库火灾较为容易发展为猛烈燃烧阶段，此时火势的强力压制非常重要，可为后期火灾扑救奠定基础，可有效避免建筑结构的整体倒塌。如图5-15所示，厂房内部已处于猛烈燃烧阶段，建筑已有倒塌破坏的迹象，主要燃烧物均位于建筑内部，如果采取强攻近战的战术方法，救援人员非常危险，但如果不及时采取措施，火势得不到有效压制，建筑结构势必会全面倒塌。此时，应该从窗口等部位，实施火势的精准打击，以压制火势，降低火场温度。

图 5-15 厂房内部火势猛烈

二、厂房、仓库火灾扑救精准灭火作战难点分析

在扑救厂房、仓库火灾时实施精准打击的战术方法面临较多作战难点，主要包括火灾现场需要跨越较多障碍，厂房仓库周围空间狭窄，难以靠近火点实施打击等。

（一）需要跨越障碍较多

由于厂房、仓库的建筑特点均为举架高、跨度大，如果屋顶着火，火点的精准打击较为困难。如图5-16所示，某厂房、仓库屋顶起火，想要精准打击屋顶火势，必然需要跨越建筑。可以从图5-16中看到，利用水枪阵地进行火势打击，水枪只能扫射到屋顶边缘，不能够实现对屋顶的精准打击。

图5-16 水枪扑救厂房屋顶火灾

移动水炮的射程比水枪更远，上述场景中即使利用移动水炮代替水枪进行屋顶的火势打击，也不能达到精准打击的战术目的。如图5-17所示，某仓库发生火灾，消防队利用车载炮进行屋顶火势的打击，由于障碍建筑的存在，虽然水炮射水可以大范围覆盖着火建筑，但是却不能实现较为精准的火点打击，不但造成大量灭火剂被浪费，水炮的冲击力有可能破坏建筑结构，灭火效率还很低。

图 5-17　车载水炮扑救仓库屋顶火灾

举高类消防车相对于水枪、水炮有较为明显的优势，其射程更远，还可实现居高临下的方式射水。然而，由于厂房、仓库跨度较大，且周围环境往往存在草坪、墙体等障碍，举高类消防车的臂架形式较为单一，精准灭火能力也非常有限。如图5-18所示，某厂房发生火灾后，由于厂房跨度大，且周围有较大面积绿化带，22m登高平台消防车展开后，受到臂架形式的限制，射水只能打击到着火建筑的边缘，很难实现建筑中间位置的精准打击。

图 5-18　举高消防车扑救厂房火灾

由此可见，厂房、仓库屋顶火灾的扑救，要求举高消防车能够跨越一定的高度和水平距离，才能实现精准打击。

（二）难以进入狭窄空间

在厂房、仓库中各建筑之间的间距非常小，着火后容易造成火势的蔓延变大。建筑之间的连接部位是最重要的防御阵地。如果能够精准打击建筑连接部位的火势，则可有效控制火势的蔓延扩大。然而，由于厂房、仓库的连接部位一般较为狭窄，火势蔓延之后，水枪阵地难以靠近实施打击。如图5-19所示，某厂房仓库火灾中，火势蔓延已到达两个建筑之间的连接部位，必须进行精准打击实施阻截。然而，水枪、水炮只能远距离扫射，不能精准打击燃烧物，灭火效果较差。此时，如果能够将灭火阵地探伸到接近着火的部位，会有较好的灭火效果。

图5-19 厂房、仓库火灾从建筑连接处蔓延

（三）需要靠近着火点

在厂房、仓库火灾猛烈燃烧阶段，建筑内部的火势打压也需要灭火剂的精准打击。如图5-20所示，某厂房、仓库处于猛烈燃烧阶段，虽然举高消防车展开后，射流可以喷射到着火部位，但是由于水炮位置较高，距离着火部位较远，射流在风的影响下有较为明显的飘散现象，灭火效果非常不好。此时，应该将水炮尽量靠近着火点，实施精准打击，提高灭火效率。但是，如图5-20所示，由于举高消防车的臂架结构相对单一固定、不够灵活，臂架形式完全展开后，如果想水平方向接近着火点，其高度必然很高，水炮接近着火部位难度较大，从而，造成了水炮高点喷射的状况，灭火剂被风吹散，无

法实施精准打击。

图 5-20 举高消防车扑救厂房、仓库火灾

另外，如果着火的厂房、仓库顶部并未发生倒塌破坏，但其内部已经呈现猛烈燃烧状态，火点的精准打击也较为困难。未倒塌的屋顶反而成为精准打击的障碍。如图5-21所示，某仓库发生火灾后，其屋顶未发生倒塌，窗口成为火势打击的唯一部位，企业员工利用水枪从仓库窗口实施火势打击，但是由于水枪射程有限，热辐射较大，实际灭火效果很差。此时，需要利用举高消防车接近着火建筑窗口，利用水炮从窗口射水，实施火点的精准打击。

图 5-21 通过窗口扑救仓库内部火灾

三、大跨度举高喷射消防车厂房、仓库火灾精准灭火应用

大跨度举高喷射消防车在厂房、仓库火灾扑救方面可实现跨越、探伸、靠近等不同方式的精准灭火。

（一）跨越灭火

厂房、仓库的主要特点就是跨度较大，例如2010年广西某仓库火灾中，着火仓库为地上一层，分为1号仓库和2号仓库，总建筑面积10180m²，其中1号仓库长95m、宽48m，2号仓库长103m、宽54m，如图5-22所示。

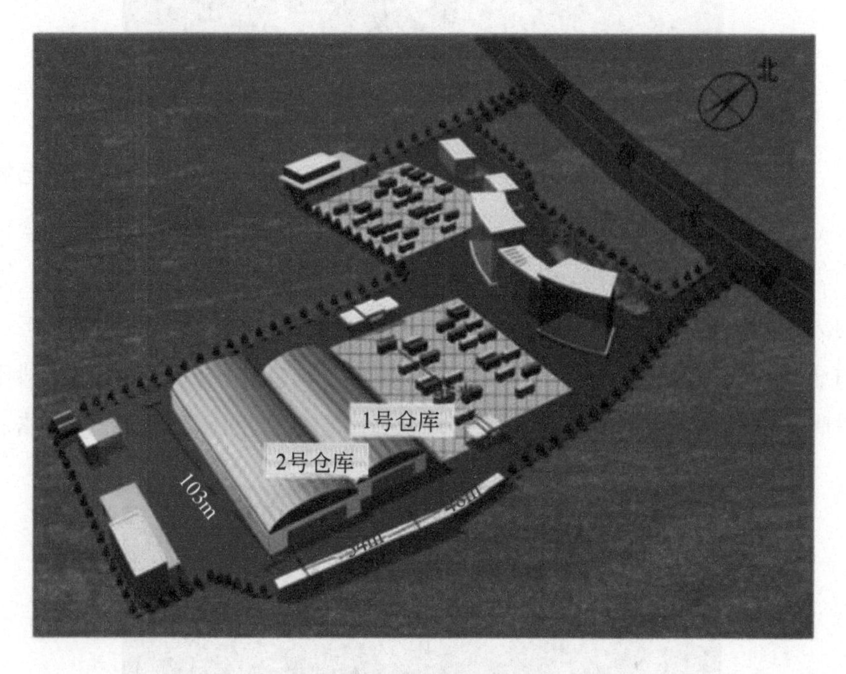

图5-22　某仓库布局

在发生火灾后，仓库屋顶被引燃，呈蔓延趋势。在灭火救援行动中，现场力量利用举高消防车打击仓库屋顶火势，如图5-23所示。可以从图中看出，举高消防车展开后虽然能够实现一定水平距离的跨越，但是由于受到臂架形式的限制，展开后水炮位置较高，射水不能够实现精准的火势打击，灭火效果不好，而且射水冲击力还有可能导致建筑的加速倒塌。

图 5-23　仓库屋顶火灾扑救情况

大跨度举高喷射消防车可以凭借其独特的臂架结构和优异的跨越能力，在进行跨越后实施精准打击。由于此建筑高度约6m，48m大跨度举高喷射消防车只需要垂直展开1节臂就可以完全高过此建筑，2～6节臂可实施水平展开，实现大范围的精准打击，如图5-24所示。

图 5-24　大跨度举高喷射消防车跨越精准打击仓库屋顶火势

（二）探伸灭火

在某些厂房、仓库火灾扑救现场，虽然现场没有过多的障碍物，不需要跨越之后实施火势打击，但是由于周围环境较为特殊，灭火阵地不能够完全接近着火建筑。如图5-25所示，由于着火仓库外围有草地、树木等绿化带，举高消防车灭火阵地难以接近。

图5-25 某仓库火灾

另外，由于仓库内存有危险化学品，在发生火灾后，危险化学品出现泄漏，着火仓库周围有可燃、易燃、腐蚀性危险化学品，导致灭火阵地难以靠近实施精准打击。如图5-26所示，某危险化学品仓库发生火灾后，腐蚀性物质发生泄漏，为了限制腐蚀性物质的流淌，地面实施了筑堤拦坝的措施，导致举高喷射消防车阵地设置较远，灭火效果较差。

图5-26 某仓库火灾泄漏腐蚀性物质

上述两种情况下，可充分利用大跨度举高喷射消防车的臂架优势，实施臂架水平大距离探伸，达到精准灭火的目的。如图5-27所示，大跨度举高喷射消防车完全实施横向探伸，可将灭火剂直接喷射到着火点上，实施精准灭火，灭火效率会有较大提升。

图5-27 大跨度举高喷射消防车探伸精准灭火

（三）靠近灭火

在厂房、仓库火灾扑救中，如果火势已经发展到猛烈燃烧阶段，屋顶已经倒塌，非常容易形成大面积的火灾，此时强攻近战较为困难，火势压制主要依靠举高消防车。如图5-28所示，钢结构的厂房已经发生整体性倒塌，形

图5-28 大面积厂房火灾

成大面积火灾，灭火阵地难以接近，此时的火势压制主要依靠举高消防车。然而，由于着火面积过大，火场周围还存在未倒塌的建筑，普通举高消防车很难实现精准的火势打击，只能以外围控制为主。

此时，应用大跨度举高喷射消防车，可以实现跨越后靠近着火点的大范围精准打击。如图5-29所示，大跨度举高喷射消防车跨越火场外围建筑后，水平方向仍可以实现较大面积覆盖，通过边打边动功能，可以实现大面积火点的精确打击和压制。

图 5-29 大跨度举高喷射消防车靠近火点的精准灭火

第三节 大跨度举高喷射消防车清理残火的战术应用

在厂房、仓库火灾扑救中，由于货物集中，火灾扑救末期会有较多阴燃情况存在。再加上建筑结构的倒塌破坏，火场中隐蔽火点较多，火灾扑救较为困难。充分利用大跨度举高喷射消防车的跨越能力和精准打击能力，可有效应对厂房、仓库火灾后期的残火清理任务。

一、厂房、仓库火灾扑救清理残火战术需求分析

在厂房、仓库火灾熄灭阶段，建筑倒塌危险性降低，但是新的灭火作战

难度出现。由于厂房、仓库一般火灾荷载较大，火灾后期将出现较多阴燃情况，灭火救援工作仍然困难。

（一）残火打击

当厂房、仓库主体火灾被扑灭后，消防救援力量还需要对剩余火点进行清剿。如图5-30所示，某大跨度、大空间厂房发生火灾，建筑结构整体倒塌，在火灾扑救后期，现场仍然有较多剩余火点。此时，应集中灭火救援力量扑灭残火，为灭火救援工作的成功奠定基础。

图5-30　厂房、仓库残火扑救

（二）破拆保护

在厂房、仓库发生火灾后，为了进行排烟、排热，快速打击消灭着火点，降低倒塌危险性，可利用挖掘机等大型机械主动破拆建筑结构。然而，由于热辐射的影响，大型机械在破拆过程中会受到较大影响，此时需要冷却阵地的协作和保护。如图5-31所示，2010年，广西南宁某仓库发生火灾，在火灾扑救过程中应用挖掘机破拆建筑结构。在破拆过程中，利用两支水枪对挖掘机实施了冷却保护。

图 5-31 仓库火灾破拆现场

（三）阴燃翻打

由于厂房、仓库内的可燃物多以堆垛形式存储，当明火被完全扑灭后，清理阴燃物将是主要任务。如图5-32所示，某仓库火灾扑救后期，消防救援人员深入建筑内部，对堆垛进行翻打，消除复燃隐患。由于厂房、仓库内的可燃物往往非常多，翻打阴燃火点的任务较为繁重，消耗时间较长。

图 5-32 仓库火灾阴燃翻打

二、厂房、仓库火灾扑救清理残火作战难点分析

厂房、仓库火灾后期的残火清理工作任务繁重，往往存在作战范围大、火点隐蔽、需要喷雾水全方位保护等多个处置难点。

（一）作战范围大

厂房、仓库的残留火点的范围往往非常大，特别是发生了建筑结构倒塌的火灾现场，倒塌建筑周围难以接近，增加了强攻近战的难度。一般情况下，厂房、仓库四周的火势容易扑救，残留的火点大多集中于建筑的中间部位。如图5-33所示，某大型仓库发生火灾后，出现了整体倒塌的情况，在火势被控制后，现场一片狼藉，着火建筑中间部位还留有较多残火等待扑救、清理。虽然现场利用了车载水炮进行残留火点的打击，但是现场作战范围非常大，车载水炮的射程有限，不能完全满足需求。

图5-33 厂房、仓库火灾大范围残火

（二）火点隐蔽

由于建筑结构的倒塌，厂房、仓库火灾后期的火点较为隐蔽。如图5-34所示，某厂房、仓库火灾已经进入熄灭阶段。虽然现场已没有明火，但是还有烟气冒出，倒塌的屋顶下部必然有被埋压的隐蔽火点。在进行火场清理任

务时，由于有建筑结构的遮盖，隐蔽火点的扑救难度非常大，需要逐一清理，实施翻打。

图 5-34 厂房、仓库火灾的隐蔽火点

（三）破拆需要全方位保护

大规模的厂房、仓库火灾扑救中几乎均涉及建筑结构的破拆任务。通过实施破拆，可以排出火场的高温热烟气，为火灾扑救创造条件；通过破拆，还可以消除潜在的建筑结构倒塌的危险；通过破拆，还有利于清理残火。然而在破拆过程中，大型机械会受到粉尘、烟气和高温等多种因素的影响。

如图5-35所示，在某仓库火灾扑救中，利用大型机械破拆建筑结构，消除了倒塌危险，并有效清理了残火。在破拆过程中，利用两支水枪对大型机械进行保护。从图中不难看出，水枪阵地需要不断推进，实施跟随保护，才能够确保大型机械的安全。但是，水枪阵地在仓库残骸中推进存在较大困难。

图 5-35 大型机械清理火灾后仓库

另外，如果水枪阵地距离大型机械过近，还有较大安全隐患，而离得太远冷却效果会较差。水枪阵地在保护大型机械的同时，还肩负着消除残火的任务，水枪阵地需要覆盖的面积较大，容易出现“顾此失彼”的情况。

三、大跨度举高喷射消防车厂房、仓库火灾清理残火应用

大跨度举高喷射消防车利用其独特的臂架形式和优越的跨越能力，在厂房、仓库火灾扑救的残火清理阶段有较为突出的应用效果。

（一）消除隐患

厂房、仓库火灾扑救后期，由于建筑结构被长时间烘烤，承重强度发生变化，在清理残火时，建筑结构有建筑材料坠落或者主体结构二次倒塌的危险。如图5-36所示，某仓库火灾扑救后期，建筑顶部已被烧毁，残留的建筑结构岌岌可危，有二次倒塌的危险。可利用大跨度举高喷射消防车的优异性能，依靠“跨越”和“探伸”等作战模式，以水炮大流量射水的方式，实施火场的全范围水流冲击，尽可能地消除坠落物和二次倒塌的危险，为后续清理残火奠定安全基础。

图5-36　某仓库火灾后期

（二）大范围跨越打击

如图5-37所示，在清理残火时，如果火场范围较大，车载水炮、移动水

炮和普通高喷炮都有其应用局限性。移动水炮和车载水炮很难实现大范围的精准打击；而普通举高消防车的水炮，又受限于臂架形式，难以实现水平距离的大范围跨越。利用大跨度举高消防车优异的跨越能力，不但可以实施一定高度的跨越，还可以实现水平距离的大范围跨越，非常适合厂房、仓库大范围残余火点的大范围跨越打击。

图 5-37 大跨度举高喷射消防车扑救残火

（三）“淋浴式”保护

在实施厂房、仓库火灾扑救中的火场破拆任务时，为了实现大范围、全方位冷却，消除热辐射对于大型机械和操作人员的威胁，可使用大跨度举高喷射消防车的“淋浴式”冷却方法。如图5-38所示，将大跨度举高喷射消防

图 5-38 大跨度举高喷射消防车的“淋浴式”保护

车的炮头设置在大型机械工作面顶部，实施跟随保护，利用喷雾水稀释、冷却破拆部位。

第四节　大跨度举高喷射消防车战斗编成

在厂房、仓库火灾扑救中，车辆、装备、器材的协同配合非常重要。只有合理实现车辆、装备、器材的有机结合，充分发挥各种装备的性能，形成合力，才能确保火灾扑救过程中灭火剂的供给，提升作战效率，才能最大程度实现灭火救援的战斗力。为了达到车辆、装备、器材的协同配合，应该尽量实施编组作战，即应用战斗编成的方式。

一、战斗编成影响因素分析

在厂房、仓库火灾扑救中，战斗编成的影响因素较多，主要有以下几个方面。

（一）战术目的的影响

由于战术目的不同，灭火剂的种类需求和数量需求就会不同，因此，应该根据作战目的，明确车辆、装备的相关编组、编成。在厂房、仓库火灾扑救现场，最主要的战术目的为火场冷却、精准打击和清理残火。由于厂房、仓库火灾多为固体材料燃烧，多用水作为灭火剂，喷射器具多为水炮，作战车辆可为水罐消防车、举高喷射消防车。如果用水量较大，也可应用远程供水系统，实施供水编组。

（二）车辆、装备性能的影响

车辆、装备性能决定了力量编成方式，主要体现在泵炮流量、泵压力、车辆载灭火剂量等方面。如果主战车辆为水罐车，应用大流量水炮实施冷却，则必须编组供水车辆；如果主战车辆为泡沫消防车，则编组车辆应该既有供水车辆还有供泡沫液车辆。如果主战车辆为高喷消防车，其载水、载泡沫量往往较少，只能实现短时间作战，则需要大流量的供水和供泡沫液车辆的支持，形成稳定的作战编成。

（三）水源情况的影响

水源情况对于作战编成的影响主要体现在流量、储水量和距离三方面。在流量方面，不但要考虑单个消火栓流量，还要考虑整个管网的流量情况，即厂区消防泵的情况。单个消火栓流量越小，需要编组的供水车辆越多；厂区管网流量决定了主战阵地的数量以及天然水源的应用。在储水量方面，要考虑蓄水池的水量和天然水源情况。在距离方面，要考虑消火栓的设置密度以及天然水源的距离。消火栓密度越小，天然水源距离越远，远距离供水需求越大，接力编成车辆越多。

二、水炮战斗编成

（一）战斗编成依据

大跨度举高喷射消防车的水炮最大流量为80L/s，载水量为2t，如果不外接水源，水炮可持续喷射25s。如果外接4条80mm水带连接消火栓，每条水带流量约20L/s，可以满足供水需求（如单个消火栓流量较大，可减少供水线路）。

（二）战斗编成模式

如果厂区内单个消火栓流量可达到40L/s，则可以采取供水车辆分别出双干线给前方主战举高喷射消防车供水的方法，水炮编成可以采取如图5-39所

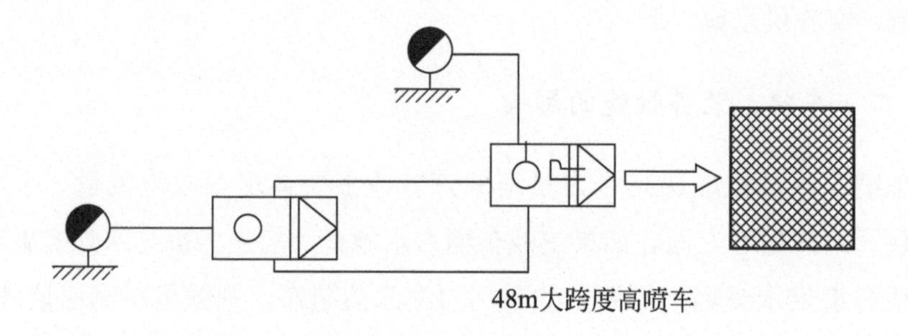

图5-39 大跨度举高喷射消防车SP-121式水炮编成

示的SP-121式编成，即1个供水车辆占据一个水源，分别出2条双干线向前面主战车供水，主战车自己占据一个消火栓，确保供水流量，主战车辆出1门高喷水炮，对厂房、仓库实施冷却、降温。

如果水源较远，主战车周边没有消火栓，也可以采取图5-40所示的SP-221的方式进行力量编成，即2个供水车辆，分别占据消火栓，分别出双干线向主战车供水，主战车不占据消火栓，出1门高喷水炮，实施冷却。

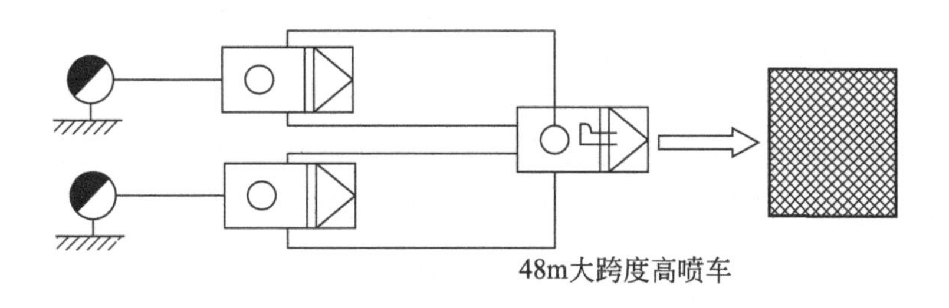

图5-40 大跨度举高喷射消防车SP-221式水炮编成

如果着火建筑周围消火栓为市政管网消火栓，流量最大仅有15L/s，在供水部门实施加压的情况下，流量可达20L/s，则至少需要4个市政消火栓，才能够确保80L/s水炮的不间断射水。可以采取主战消防车单独占据消火栓，3个供水车辆分别占据消火栓，出单干线给前方主战举高喷射消防车供水的方法，水炮编成可以采取如图5-41所示的SP-311式编成，即3个供水车辆分别占据一个水源，分别出1条双干线向前面主战车供水，主战车自己占据1个消火栓，确保供水流量，主战车辆出1门高喷水炮，对厂房、仓库实施冷却、降温和灭火工作。

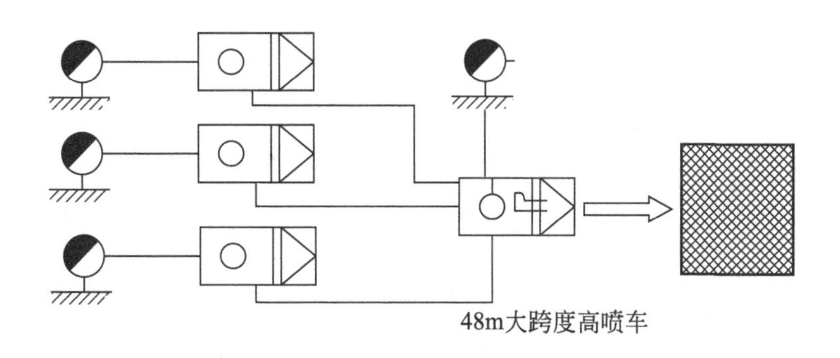

图5-41 大跨度举高喷射消防车SP-311式水炮编成

（三）战斗编成示例

考虑到厂房、仓库一般具有大空间、大跨度的特点，大跨度举高消防车的跨越冷却或者跨越灭火的应用将会较为实用。如果利用移动水炮、车载水炮或者普通举高喷射消防车的水炮，很难做到跨越之后的精准打击，而大跨度举高喷射消防车可以做到。

以广西某公司仓库火灾为例，1号仓库发生火灾后，火势快速向2号仓库蔓延，两个仓库的连接处为重点冷却的部位。然而，1号仓库宽度为48m，2号仓库宽度为54m，两个仓库连接处的冷却非常困难。如果应用大跨度举高喷射消防车设置冷却阵地阻截火势蔓延，虽然不能够完全实现整个仓库的跨越，但是实施局部跨越后，水炮射水可以较为精准地打击连接部位火点。考虑到现场水源均为市政消火栓，可利用3个水罐消防车分别占据1个水源给大跨度举高喷射消防车实施单干线供水，大跨度举高喷射消防车独立占据1个水源，设置1个80L/s流量水炮的编成模式，即SP-311水炮编成模式，可实施有效的冷却和灭火。如图5-42所示，为现场力量编成和部署方法。

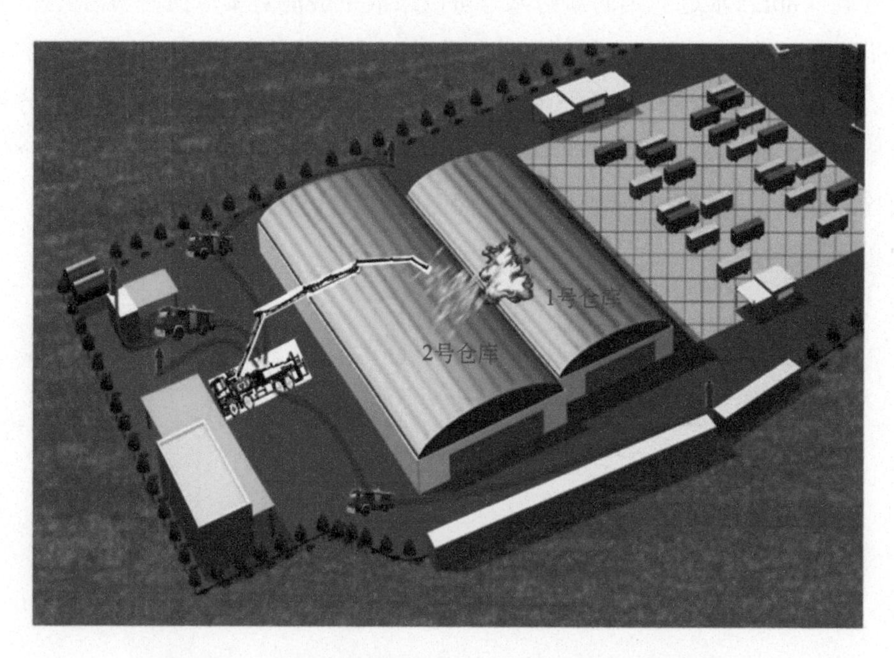

图5-42 大跨度举高喷射消防车SP-311水炮编成力量部署方法

三、喷雾水战斗编成

（一）战斗编成依据

厂房、仓库火灾扑救中的喷雾水阵地主要用来降尘、降温，对实施现场破拆的大型机械进行全方位保护，可实施“淋浴式”保护的阵地设置方法。此种模式可将锥形喷雾水设置在大型机械操作正上方，主要应用于火场清理阶段，灭火强度要求较小。参考多功能水枪喷雾水的保护能力，当流量为6.5L/s时，可保护直径为2.5m的圆形面积，大跨度举高喷射消防车从高点设置喷雾水，其保护面积将会更大，推算流量控制在20L/s左右时，即可满足火场强度要求。

（二）战斗编成模式

通过计算可知，48m大跨度举高喷射消防车单独作战，按20L/s流量喷射喷雾水，可持续喷射13.88min。结合实际情况，喷雾水的阵地设置可以依靠大跨度举高喷射消防车占据1个水源独立作战。如果水源距离较远，也可以实施1个水罐消防车占据水源，单干线给大跨度举高喷射消防车供水的作战模式，可编号为PWP-111，如图5-43所示。

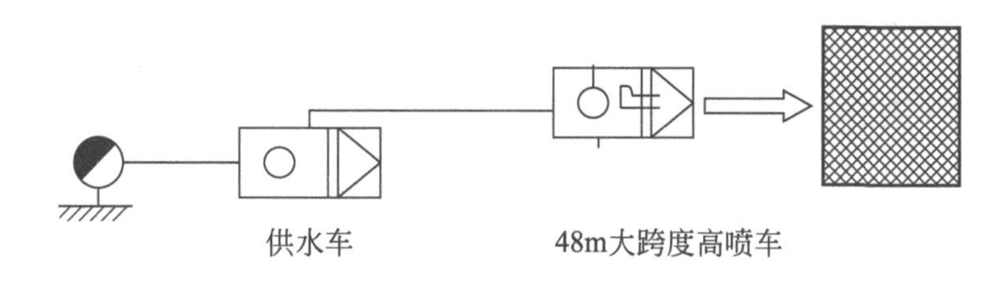

图5-43 大跨度举高喷射消防车PWP-111式喷雾水炮编成

（三）战斗编成示例

以广西某公司仓库火灾为例，在火灾扑救后期，大型机械对倒塌的建筑结构进行了破拆清理，可应用大跨度举高喷射消防车的“淋浴式”作战方式，从大型机械顶部对其破拆作业面进行喷雾水保护，以到达降温、降尘的目的。此时，大跨度举高喷射消防车可以实施末端向下或者倒勾回打的方式，由于流量要求较小，以20L/s进行计算，考虑到周围水源情况，为确保大跨度举高喷射消防车的灵活性，可采取PWP-111的编成方式，即利用1个水罐消防车占据1个消火栓，单干线给大跨度举高喷射消防车进行供水，具体的力量部署如图5-44所示。

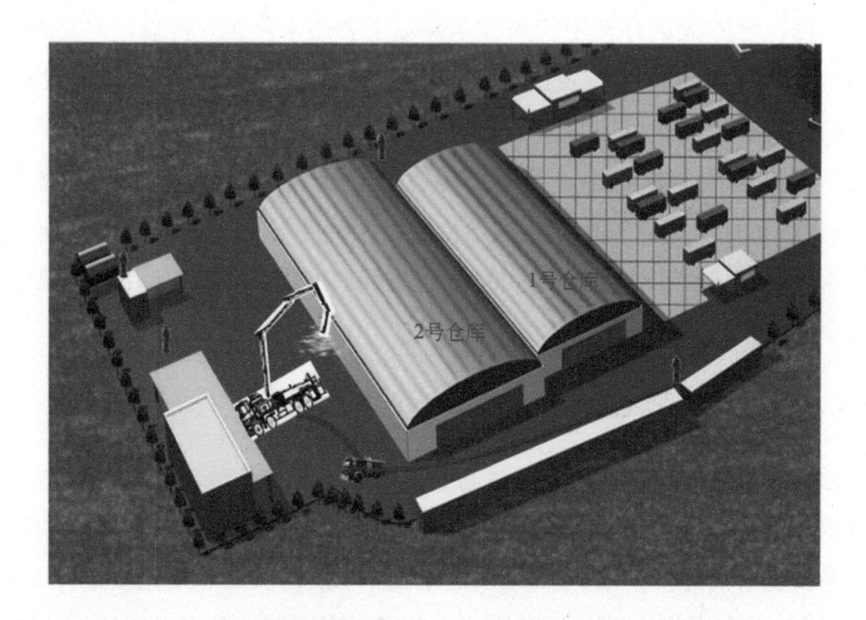

图5-44 大跨度举高喷射消防车PWP-111喷雾水炮编成力量部署方法

第五节 典型战例复盘与应用示例

一、火灾情况

2013年1月1日，杭州某公司发生火灾。火灾过火面积约$1.2\times10^4m^2$，着火建筑发生了整体倒塌，直接财产损失约1.2亿元，3名消防救援人员在火灾扑救中牺牲。

（一）单位情况

该公司2003年投产，占地面积80亩，现有员工1000多名。主要生产OA

家电类外壳塑料件、汽车车灯类塑料件和汽车安全件等塑料产品。厂区由2幢主要建筑构成，分布在南北两侧，一号、二号厂房之间二层有连廊连接，如图5-45所示。其中一号厂房为钢结构，生产区北半间在3.7m处设有东西走向（长126m、宽4m）的加料平台（钢结构，504m²）即夹层，呈横“工”字形，东端为混凝土结构，高度11.4m，建筑面积12104m²；二号厂房为钢结构，厂房内部局部有夹层，东西两端三层，长168.9m，高15.3m，建筑面积16230m²，内部设有疏散楼梯4部，为封闭楼梯间。设*DN*65室内消火栓61个（第一、二层各26个，三层8个，屋顶层1个），竖管为*DN*80。

图5-45 公司厂房布局情况

（二）起火建筑情况

起火建筑为二号厂房，一层为塑料成形区、半成品模具放置区和塑料产品仓库，局部夹层为加料区；二层为塑料、纸箱等辅助仓库，除存放ABS树脂、纸板、聚氨酯泡沫、松香水等物品外，还存有少量桶装油漆和瓶装酒精堆垛。二号厂房东侧与办公楼相连；南侧通过两个连廊与一号厂房相连；北侧为空地；西侧为某公司。

二、初期火灾冷却

（一）火灾情况

2时50分，专职消防队首先到达现场，此时二号厂房北面约2间房间有明火冒出，现场烟雾较大；3时35分，市北中队到达现场。此时火势正处于猛烈燃烧阶段，二号厂房二楼北面（东半部）火势较大，窗口大量明火蹿出，伴随滚滚浓烟，且火势有向南蔓延的趋势，如图5-46所示。

图5-46 初期火势情况

（二）处置情况

专职消防队首先到达现场，在二号厂房北侧部署水枪阵地展开战斗。市北中队到达现场后，出3支水枪控制北面火势并组织内攻，防止火势继续向二楼内部及西北角蔓延；1支水枪沿楼梯铺设至三楼控制火势，防止火势向东蔓延；另1支水枪利用9m拉梯从东面窗口延伸至火场内部打击明火，防止火势向东南方向蔓延。另外沿建筑外墙垂直铺设水带，穿过组立车间深入内部出2支水枪打击明火，并防止火势向南蔓延，如图5-47所示。

（三）大跨度举高车的冷却应用分析

在火灾初期阶段，火势有蔓延变大的趋势，建筑屋顶被直接烘烤，短时

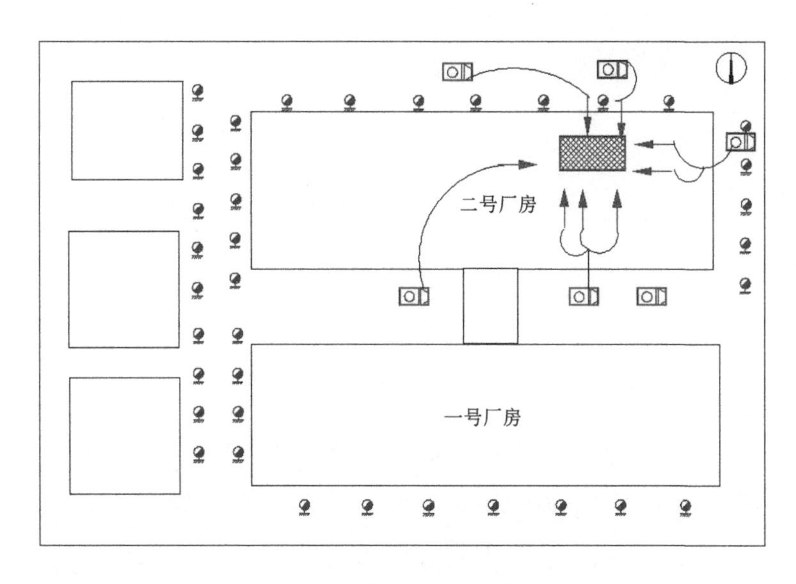

图 5-47　火灾初期火势冷却情况

间内有倒塌危险，对于内攻人员有较大安全威胁。为了避免建筑屋顶发生倒塌，应及时进行冷却、降温，但不能应用大流量射流猛烈冲击。大跨度举高喷射消防车可以轻松跨越15.3m的高度，实施靠近着火点上部屋顶的精确冷却，如图5-48所示。由于厂区内消火栓系统相对独立，单个消火栓水流量可以达到约40L/s，则供水方式可采取SP-221的作战编成方式。

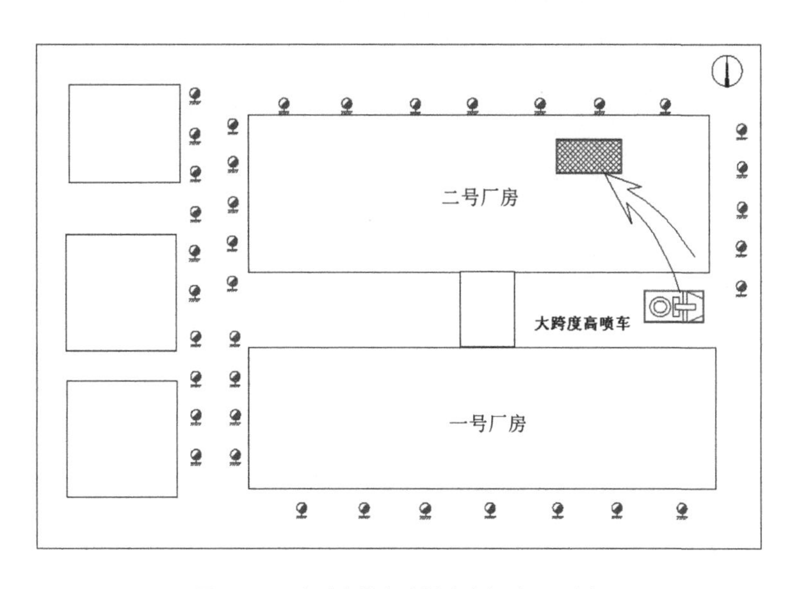

图 5-48　大跨度举高喷射消防车对屋顶冷却

三、阻截火势蔓延

（一）火灾情况

4时32分，火势蔓延到二号厂房东面办公楼，并全向四周蔓延。5时，火场风向突然由西南风转为东北风，大量浓烟瞬间充斥整个厂房，内攻人员被困火场之中。5时48分，火势通过连廊向一号厂房蔓延，如图5-49所示。

图 5-49 火灾蔓延情况

（二）处置情况

由于有人员被困，现场的主要任务为营救被困人员。为了确保被困人员和营救人员的安全，应充分冷却现场的建筑结构，避免其发生倒塌破坏。另外，由于现场火势有快速蔓延的趋势，随着到场力量逐渐增多，更多的堵截阵地被设置在火势蔓延的主要方向上，如图5-50所示。

（三）大跨度举高车应用分析

利用大跨度举高消防车的优异跨越能力，可以实现厂房、仓库火灾现场较大范围的精准打击。在火灾的这个阶段，火势有蔓延变大的趋势，主要的

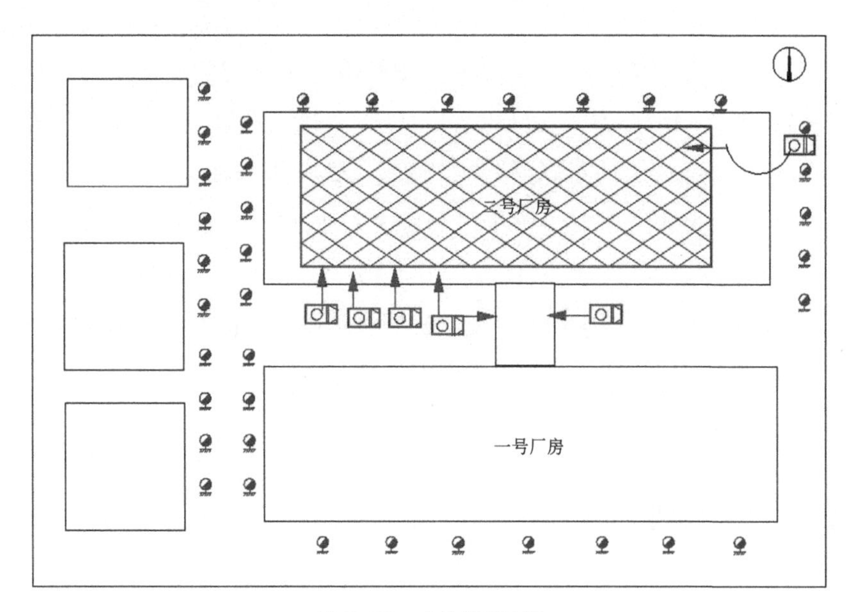

图 5-50　火势堵截情况

灭火阵地应该重点设置在火势蔓延方向上，并兼顾冷却即将倒塌的建筑主体。如果应用大跨度举高喷射消防车，不但可以轻松冷却建筑主体，还可以在关键位置进行堵截。如图5-51所示，为建议的大跨度举高喷射消防车的阵地设置方法。

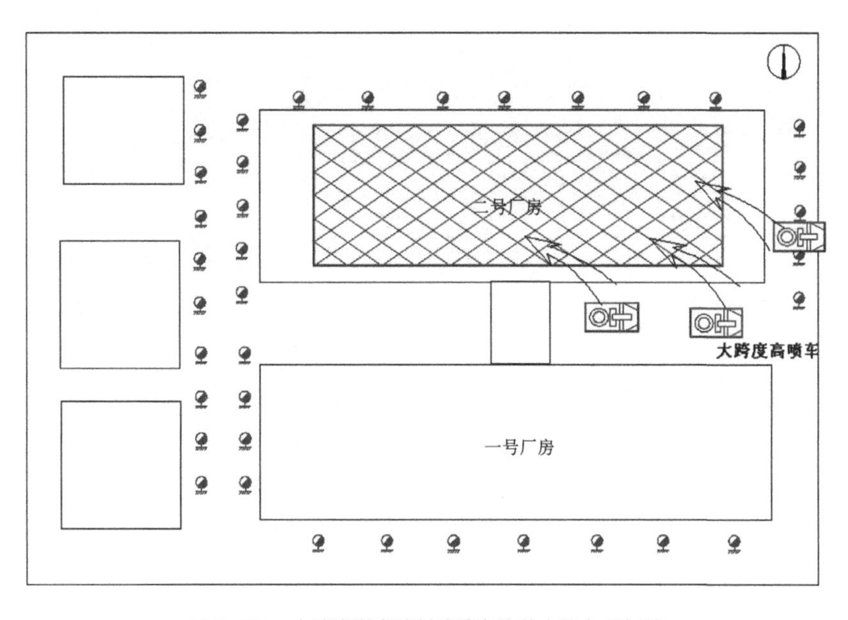

图 5-51　大跨度举高喷射消防车堵截火势力量部署

图5-51中共设置有3辆大跨度举高喷射消防车，按照周围水源情况，可采取SP-221的作战编成方式实施供水。其中，2辆大跨度举高消防车设置在火场东侧，重点阻截火势向东侧办公楼的蔓延。由于办公楼共3层，高度不超过20m，48m大跨度举高喷射消防车可采取1、2节臂架竖直展开，其他臂架水平展开的方式实现跨越，可以直接打击火势，或者用倒勾回打的方式进行冷却，阻截火势蔓延。另外，还有1辆大跨度举高喷射消防车被设置在着火建筑南侧，重点阻截一号厂房和二号厂房之间的连廊，同时负责建筑南侧主体的冷却。

四、打击火势

（一）火灾情况

7时许，二号仓库西北侧可燃物已经燃尽，一号厂房西面冒出滚滚浓烟，火势已通过成品仓库由二号厂房蔓延到一号厂房，火场重点发生了偏移，如图5-52所示。此时，如果不及时进行火势蔓延的阻截，一号厂房很可能会大面积燃烧，并且也会发生建筑结构倒塌。

图5-52 火猛烈燃烧

（二）灭火情况

现场救援力量针对性作出力量调整，在一号厂房西南面架设1门遥控炮、8支水枪打击明火，并防止火势向一号厂房内部蔓延；从一号厂房内部出1支水枪（利用墙壁消防栓出水），打击部分蔓延至1楼的明火；从二号厂房东面出2支水枪打击火势；二号厂房南面3支水枪调整至成品仓库正面打击明火，如图5-53所示。7时30分许，一号厂房西北角火灾基本被扑灭。随着火势被有效控制，增援力量逐渐增多，总攻灭火时机逐渐成熟。

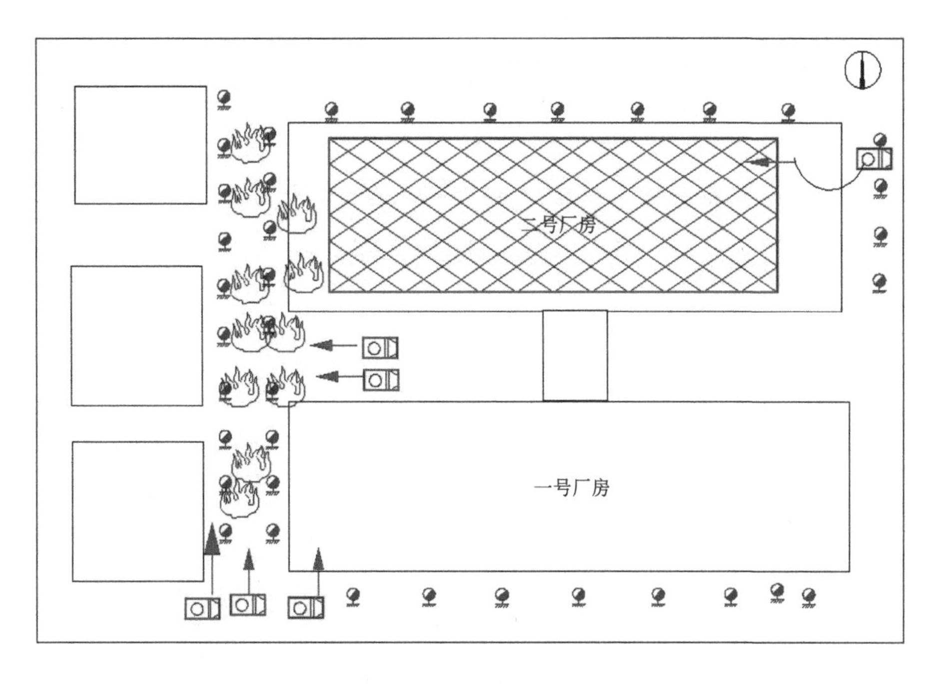

图 5-53 火势打击力量部署图

（三）大跨度举高消防车应用分析

如果应用大跨度举高喷射消防车实施火场打击，可将火场的“无区别打击”转变为“精准打击”，可提升灭火效率，降低供水难度。如图5-54所示，可将大跨度举高喷射消防车的阵地进行调整，分别打击二号仓库南侧火势以及一号仓库西侧火势。

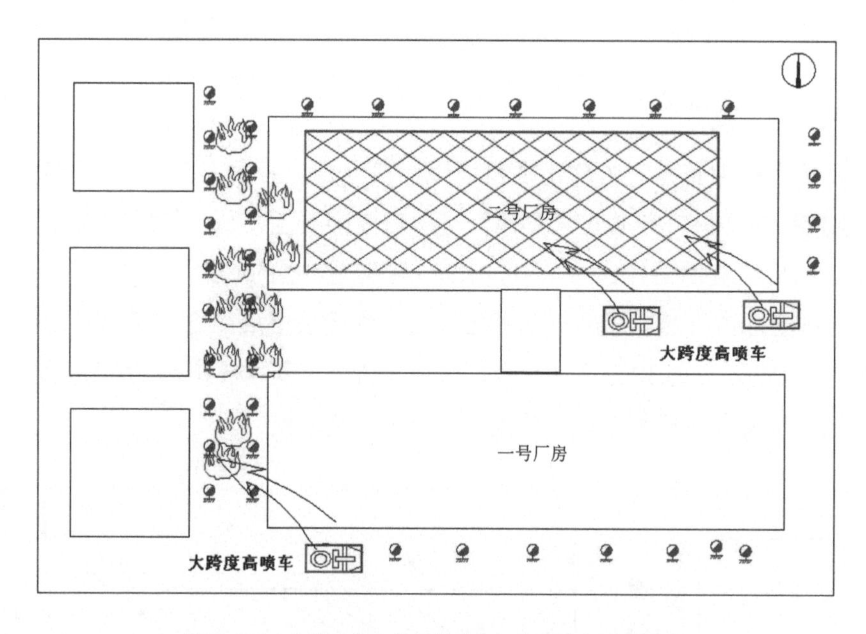

图 5-54　大跨度举高喷射消防车打击火势力量部署图

五、残火清理

（一）火灾情况

在火势成功控制后，火灾现场的重点任务为清理残火。由于二号仓库主体结构发生了倒塌破坏，建筑结构下面留有较多残留火点，如图5-55所示。此时，想要清理残余火点，应该利用大型机械进行破拆。

图 5-55　残火阶段

（二）灭火情况

在清理残火阶段，现场利用大型机械进行破拆的同时，利用多支水枪、水炮进行了残火的清理，如图5-56所示。

图5-56 残火扑救

（三）大跨度举高消防车应用分析

在清理残火阶段，大跨度举高喷射消防车可以实施“淋浴式”喷水，保护大型机械的破拆操作，如图5-57所示。此种保护方式，可有效消除粉尘和高温，确保大型机械的正常运转。

图5-57 大跨度举高喷射消防车的“淋浴式”保护

另外，大跨度举高喷射消防车还可以用于大范围的精准打击，消灭残火，如图5-58所示。此种方式，可有效打击隐蔽火点，加快灭火进程，节约灭火剂，降低供水难度。

图5-58 大跨度举高喷射消防车大范围精准灭火

综上所述，在厂房、仓库火灾扑救中，大跨度举高喷射消防车可以实施火场冷却、精准灭火和清理残火等战术。基于上述用法，充分体现了大跨度举高喷射消防车的技术优势，可在一定程度上解决厂房、仓库火灾扑救的难点。另外，针对厂房、仓库火灾扑救中的冷却、灭火、清理残火的需求，进行了战斗编成的研究，并以某仓库火灾为例进行了示例说明。最后，针对杭州某厂房火灾进行了复盘研究，并针对性地说明了大跨度举高喷射消防车可起到的关键作用。

第六章

高层建筑火灾扑救技战术应用

在高层建筑火灾扑救中，举高喷射车发挥着外攻灭火和阻截火势蔓延发展等重要的战术作用。但是，举高喷射车的作战模式往往比较“粗犷”，不能做到精准打击，用作外攻灭火会带来较大经济损失。另外，举高喷射消防车的跨越能力一般较弱，在“异形”高层建筑火灾阻截中的作用较小。大跨度举高喷射消防车的面世，在一定程度上解决了跨越障碍和精准打击的难点问题。

第一节　大跨度举高喷射消防车阻截火势的战术应用研究

高层建筑火灾蔓延速度快，蔓延途径多，很容易造成大面积火灾。因此，应该采取有效措施限制火势的蔓延变大。

一、高层建筑火灾扑救阻截火势战术需求分析

阻截火势蔓延发展是贯彻“先控制、后消灭”灭火战术原则的有效手段之一，这一技术方法在高层建筑火灾扑救中尤为重要。

（一）高层建筑火灾竖向蔓延速度快

楼梯间、电梯井和管道井都是高层建筑火灾发生后主要的竖向蔓延途径，由于这些竖向空间内的烟囱效应（如图6-1所示），火灾蔓延速度可达3～4m/s。如果不及时进行火势阻截，非常容易短时间内形成立体燃烧。

图 6-1 烟囱效应导致高层建筑火灾蔓延速度快

（二）高层建筑内部火灾蔓延途径多

高层建筑内部结构较为复杂，建筑内部格局混乱多变、功能多样，使得火灾蔓延途径较多，难以控制和阻截。如图6-2所示，该建筑是一个多层叠加式的塔式高层建筑，单层建筑内面积较大，建筑内功能复杂，建筑内各楼层布局多样，火灾蔓延规律不明显，建筑内部火灾阻截阵地选择困难。

图 6-2 内部结构复杂的高层建筑

（三）高层建筑外部火灾蔓延

高层建筑外部装修材料和保温材料多为可燃物，着火后容易形成外部蔓延的主要途径。另外，组合式高层建筑和高层建筑群（见图6-3）较为常见，其中一栋高层建筑发生火灾后，热辐射和飞火等容易引燃邻近高层建筑，造成大规模火灾现场。

图 6-3 高层建筑群

二、高层建筑火灾扑救阻截火势作战难点分析

举高消防车在高层建筑火灾阻截中的作用，主要体现在建筑外部的火势阻截，以及外攻阵地设置两个方面。但是，由于高层建筑的高度较高、建筑结构的遮挡和阻隔、建筑群密度较大等问题，外部阻截阵地的设置比较困难。

（一）高层建筑火灾阻截部位较高

按照《建筑防火设计规范》相关规定，建筑高度超过27m的民用建筑或10层以上的公共建筑被定义为高层建筑。而100m以上的建筑被称为超高层建筑。无论是高层建筑还是超高层建筑发生火灾，如果着火点位置较高，火势阻截阵地的设置比较困难。例如，2009年某附属文化中心大楼火灾，该楼共159m高，着火点为楼顶，燃烧物为建筑外部的钛合金装修材料，火势蔓延趋势为由上往下快速蔓延，如图6-4所示。在该建筑火灾扑救中，堵截阵地应该尽量设置在高点位置，以最大程度保护建筑中下部。然而，高度越高，火势阻截阵地的设置难度越大。在该起火灾扑救过程中，利用了多辆举高消防车实施外部的火势阻截和打击，然而，由于火点高度较高，阻截效果不明显。

图 6-4 某附属文化中心火灾火势蔓延情况

（二）火势阻截需要跨越障碍

如图6-5所示，很多高层建筑都设置有裙楼，往往裙楼的面积较大；也有很多高层建筑的结构比较“特异”。在发生火灾之后，如果实施火势的阻截，则需要跨越一定障碍，进行高度和水平跨越，才能够喷射灭火剂阻截火势，对于具有传统臂架形式的举高消防车较为困难。如图6-5所示，某高层建筑进行火灾扑救演练，高喷消防车阵地设置在建筑正面，两个塔楼中间位置是

图 6-5 某高层建筑火灾演练

高喷消防车射水难以到达的位置。如果发生火灾，特别是外部凹廊中的火灾，火势阻截非常困难。

（三）组合式建筑之间需要阻隔分割

现实中，很多高层建筑聚集在一起形成高层建筑群，建筑之间的间距较小。如果其中一栋高层建筑发生火灾，火势较大已经突破建筑外壳，在风力的影响下，下风方向的邻近建筑较为危险。如图6-6所示，高层建筑群中一栋建筑已经大面积燃烧，受到风力影响，热辐射和飞火严重影响下风方向的邻近建筑，可能导致下风方向的邻近建筑起火。

图6-6 某高层建筑群发生火灾

三、大跨度举高喷射消防车高层建筑火灾阻截火势应用

（一）48m大跨度举高喷射消防车的臂架性能参数

48m大跨度举高喷射消防车，6节臂架的长度分别为9980mm、7465mm、7075mm、9710mm、6480mm和3065mm，除了第6节臂架，其余臂架之间的夹角都可以达到180°。当展开时，最小展开跨距3.3m，工作幅度为28m；单

侧支撑跨距6.3m，工作幅度为41m；支腿全展跨距9.8m，工作幅度为42.5m。

图 6-7 某高层建筑火灾凹廊内蔓延

（二）大跨度举高喷射消防车阻截竖向火势蔓延应用分析

高层建筑火灾的竖向蔓延途径主要包括外部和内部两个区域的蔓延，火势蔓延的阻截应该以阻截火势向上蔓延为主。建筑外部主要是凹廊内的火势蔓延，高温热烟气在凹廊内形成一定的烟囱效应，蔓延速度非常快，如图6-7所示。利用大跨度举高喷射消防车阻截凹廊内的火势蔓延，主要是以高点射水压制的形式进行。大跨度举高喷射消防车的最大工作幅度可超过56m，配合水炮80m的射程，可以实现阻截凹廊内火势的蔓延和发展的目的。

建筑内部的蔓延主要是楼梯间、电梯井和管道井的烟囱效应。对于内部竖向通道、管廊的蔓延阻截主要依靠消防员内攻灭火，利用水枪阵地进行阻截，举高消防车对于建筑内部的火势阻截非常受限。但是，对于一定高度内的建筑火灾，如果大量烟气已经蔓延到整个楼梯间，如图6-8所示，可以通过大跨度举高消防车的独特优势进行外部的打压和阻截。由于大跨度举高喷射

图 6-8 某建筑火灾楼梯间烟囱效应

消防车的最大工作幅度可超过56m，通过跨越的方式，将水炮探伸到楼梯间顶部，进行由上而下的整体压制，是对抗烟囱效应、对抗竖向蔓延的有力方式。考虑到展开空间和向下射流的作战方式，此种火势阻截的作战方式，62m大跨度举高喷射消防车可应用于约50m以下建筑火灾，48m大跨度举高喷射消防车适用于35m以下建筑火灾。

（三）大跨度举高喷射消防车阻截建筑外部火势蔓延应用分析

近年来，高层建筑外保温层和外装修材料起火的情况越来越多。此类火灾展现出与常规高层建筑火灾不同的火势蔓延方式。传统的高层建筑火灾，由于烟囱效应的影响，展现出竖向快速向上蔓延的突出蔓延特点。而高层建筑外部装修材料起火不同，火势向四处延烧，并且存在飞火的因素，火势向下蔓延的态势更为突出。如果高层建筑具有较为宽大的裙楼或者属于台阶式建筑（如图6-9所示），火势的阻截还需要跨越一定的障碍。对于此种情况，大跨度举高喷射消防车就展现出其独特的跨越障碍的优势。如图6-9所示的台阶式建筑发生外部装修材料火灾，大跨度举高喷射消防车凭借其跨越能力，能发挥更加优异的火势阻截能力。考虑到大跨度举高喷射消防车臂架长为48m和62m，再加上其80m射程，可以跨越一定障碍后，阻截100m左右的外部装修材料起火后的火势蔓延。

图6-9 台阶式高层建筑外部火势蔓延阻截

（四）大跨度举高喷射消防车阻截高层建筑群火势蔓延应用分析

在高层建筑群中，各高层建筑的间距非常小，还有多个高层建筑共用一个裙楼，如图6-10所示。此种情况的高层建筑如果发生火灾，邻近着火建筑的高层建筑受到火势的威胁最大，较为容易被引燃，形成蔓延。为了避免出现此现象，应该在高层建筑之间设置阻截阵地，此阻截阵地不但要可伸展到一定高度，还要有能力跨越裙楼的障碍。如图6-10所示，普通的举高喷射消防车的跨越能力有限，不能够全面阻截火势蔓延。因此，大跨度举高喷射消防车就可以起到较好的阻截作用。图6-10中的裙楼为十层，高度约30m，大跨度举高车跨越后还能实现一定距离的跨越和一定高度的伸展，起到关键的阻截作用。

图6-10 高层建筑群的火势阻截

第二节 大跨度举高喷射消防车精准灭火的战术应用

很多高层建筑的外部装修材料和保温材料的火灾，以及高层建筑窗口、阳台等明确的着火点，需要进行精准打击。

一、高层建筑火灾扑救精准灭火战术需求分析

（一）精准灭火避免造成火势变大

在建筑火灾扑救中，应该以内攻灭火为主，外攻灭火为辅。如果外攻阵地不能够精确打击着火点，反而会封堵“排烟排热口”，导致烟气和热量不能够从窗口处及时排出，还会加速热烟气向建筑内部蔓延，形成更危险的内部环境，对内攻灭火人员造成威胁。如图6-11所示，该着火建筑火势已经突破外壳，从窗口呈现喷射火，如果应用外部阵地直接打击，不能够精确打击着火点，反而会加剧火势向内部蔓延。因此，应该采取精准灭火战术进行火灾扑救，防止火势变大。

图6-11 高层建筑窗口喷射火势

（二）精准外攻避免造成水渍损失

在高层建筑火灾扑救中，由于火点位置一般较高，如果明确了着火点位置，确定应用外攻灭火的战术方法，外攻阵地主要为高喷水炮。此时，如果不能够实现精准打击，将灭火剂直接喷射到着火点上，就很容易造成大面积的水渍损失。如图6-12所示，该建筑发生火灾后，着火点位于邻近窗口处，可应用高喷车进行灭火。从图中可以看出，举高平台车展开后尽量靠近着火

点喷射灭火剂，但是，如果不能够精确打击着火物质，水炮喷射的大量灭火剂就会覆盖着火房间其余位置和有价值的物质，并且会波及着火层以下楼层，造成大量的经济损失。

图6-12 某高层建筑火灾举高平台车外攻灭火现场

（三）精准打击消除建筑外部着火点

针对高层建筑外部装修材料和保温材料的火灾，在初期进行火势阻截后，应该进行精准打击，消除残火。如图6-13所示，高层建筑外部火势已基本被控制，但是仍然有较多个着火点。此时，应该利用外攻阵地对这些分散的着火点进行精准灭火，消除隐患。

图6-13 高层建筑外保温材料起火

二、高层建筑火灾扑救精准灭火作战难点分析

精准灭火在高层建筑火灾扑救时发挥非常重要的作用，可以减少水渍损失、阻截火势蔓延，并清理火灾隐患。但是，由于高层建筑的高度太高、建筑结构特异、展开空间受限等因素的制约，高层建筑火灾的精准灭火实施较为困难。

（一）举高消防车展开空间受限

举高消防车展开需要满足地面和净空要求，高层建筑着火时，受到周围环境影响，举高消防车展开受限，其伸展高度会受到限制。如果举高消防车展开位置与着火建筑水平距离过远，水炮很难靠近着火点，难以实现精准打击。如图6-14所示，受到展开空间的限制，举高消防车展开后依然距离着火建筑较远。

图 6-14 高层建筑火灾举高消防车展开情况

（二）需要跨越一定高度和水平距离

高层建筑火灾扑救的精准打击应用中，要求举高消防车不但能够达到一定高度，还需要跨越一定水平距离。如图6-15所示，该高层建筑高89m，由于举高消防车停靠距离较远，且受到臂架形式的限制，其展开后高度只能达

到着火建筑的三分之一处，即约30m处。由于草坪、树木和电线等的存在，对举高消防车的水平跨越能力也提出挑战。因此，要想实现高层建筑火灾的精准打击，举高消防车应该具有较为灵活的臂架形式，并实现一定高度和水平距离的跨越。

图 6-15 举高消防车扑救高层建筑火灾情况

（三）难以接近建筑内部着火点

对于高层建筑火灾扑救，外攻扑救建筑内着火点必须确保精准性，避免封堵排烟排热口，造成火势蔓延变大，也要避免造成水渍损失。然而，受到裙楼、邻近建筑以及其他附件的影响，精准打击受到影响。如图6-16所示，

图 6-16 某高层建筑火灾外攻灭火情况

某高层建筑火灾扑救中，由于建筑外部安装有脚手架，举高消防车展开后不能够实现近距离射水，精准打击能力较弱，对于火灾扑救及减小水渍损失都非常不利。因此，应该尽量靠近着火点设置外攻阵地。

三、大跨度举高喷射消防车高层建筑火灾精准灭火应用

大跨度举高喷射消防车凭借其优异的性能，可在高层建筑火灾扑救精准灭火方面展现出较为重要的作用。

（一）支腿小跨距展开为精准灭火奠定基础

大跨度举高喷射消防车具有非常好的场地适应性，能最大程度解决展开空间受限问题，其四条支腿可任意位置支撑，场地适应性好，只要车能开进去，即可开展消防救援。48m大跨度举高喷射消防车在最小支撑3.3m时，臂架工作幅度可达28m，单侧支撑6.6m时，工作幅度可达41m，支腿全展跨距9.8m，如图6-17所示。

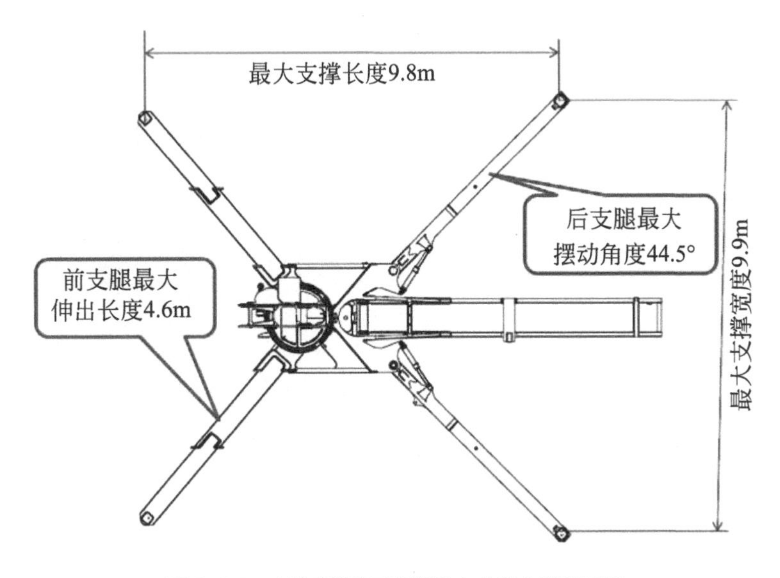

图6-17　大跨度举高喷射消防车支腿支撑范围图

（二）跨越障碍实现精准灭火

大跨度举高喷射消防车凭借其灵活的臂架结构，优异的跨越能力，可以

实现障碍跨越，精准打击火点。如图6-18所示，大跨度举高喷射消防车可以实现停靠距离35m，高度25m的障碍跨越，随着停靠位置的靠近，可以实现40m以上的跨越。此跨越高度和距离可适合多种高层建筑的展开环境，可实现大多数裙楼的跨越。跨越之后的水平探伸配合80m的水流射程，可以覆盖的范围非常大，起到跨越障碍后精准打击着火点的目的。

图6-18　大跨度举高喷射消防车跨越建筑物

另外，有些高层建筑周边环境复杂，只有单侧有停靠空间，着火一侧举高消防车没有停靠或展开空间，如图6-19所示。此时，着火点一侧的火势精准打击较为困难。

图6-19　某高层建筑火灾

此时，为了能够精准打击着火点，大跨度举高喷射消防车可以实现跨越建筑的倒勾回打，如图6-20所示。如图所示，将大跨度举高喷射消防车尽量靠近着火建筑停靠，然后利用其灵活的臂架形式，跨越建筑顶部，然后利用末端臂架实现倒勾回打，精准打击着火点。考虑到大跨度举高喷射消防车的臂架性能，其可跨越至少40m高的建筑，实现10m的跨距，然后进行倒勾回打。

图 6-20　大跨度举高喷射消防车在高层建筑火灾扑救中的倒勾回打

（三）探伸靠近精准打击建筑内部火势

对于高层建筑阳台火灾，以及较为明确的靠近窗口的着火点，可利用外攻的方式进行灭火。然而，为了减少水渍损失，此种外攻灭火方式要求尽量精准。常见的举高消防车很难做到将炮头探伸靠近着火点，大跨度举高喷射消防车将这一作战方法变为现实，如图6-21所示。

图 6-21　大跨度举高喷射消防车靠近着火点精准灭火

第三节　大跨度举高喷射消防车火场供水的战术应用

在高层建筑火灾扑救中，火场供水是重点任务，更是难点任务。

一、高层建筑火灾扑救火场供水战术需求分析

高层建筑火灾扑救时的火场供水非常重要，是火势控制和火灾扑救的前提和基础，是确保内攻灭火安全的必要手段。

（一）快速建立供水线路

在高层建筑火灾扑救时，应快速架设供水线路，为着火楼层的灭火需求提供保障。然而，要想快速架设供水线路，除了应用固定消防设施之外，还需要利用水带、分水器等器材快速铺设，建立供水线路，如图6-22所示。

图6-22 高层建筑火灾扑救供水线路的架设

（二）确保火场供水压力

为了确保能将水供给到一定高度，对火场供水的消防泵有压力要求。常见消防车配备的为中低压消防泵，压力可达到2.5MPa左右，有些消防车配备的是高压消防泵，其压力可达到4.0MPa左右。通过相关理论计算和现场供水测试，可以获取各类消防泵的供给压力，以及其在高层建筑火灾供水时能供给的高度，具体数据如表6-1所示。由表6-1可知，现在消防车配备的消防泵的泵压普遍可以实现供水高度超过100m。

表6-1　常见消防泵灭火剂供给高度表

泵型	供给高度	泵型	供给高度
MPH230常/高压泵	＜100m	CB20・10/30・60中压泵	≈160m
FPN10-2000常压泵	＜100m	CB20・10/20・40中压泵	≈160m
FPN10-5000常压泵	＜100m	CB20・10/15・30中压泵	≈160m
MPN700常压泵	≈160m	ME-5两级离心泵	≈200m
MPN350常压泵	≈160m	ME-7A两级离心泵	≈200m
KHM500一级离心泵	≈160m	KSP1000一级离心泵	≈200m
LDM1750一级离心泵	≈160m	EM2000两级离心泵	≈300m
PSP1500离心泵	≈160m	压缩空气泡沫	≈150m
CB20・10/20・40-RS	≈160m	压缩空气泡沫（涡轮增压）	≈300m
CB20・10/25・50中压泵	≈160m		

（三）确保火场用水量

由于高层建筑体量大、高度高，如果发生立体式燃烧，现场需要的用水量巨大，需要确保现场的用水量。从实战情况来看，高层建筑的消防水箱、消防水池的供水量往往不足以扑救大规模高层建筑火灾，往往需要依靠市政消火栓进行供水，确保现场用水量。图6-23为某高层建筑火灾，着火建筑全面燃烧，现场消防用水量巨大。

图6-23　某高层建筑火灾

二、高层建筑火灾扑救火场供水作战难点分析

目前，高层建筑火灾扑救的最主要灭火剂是水，火场供水要求较高，主要存在以下几个难点。

（一）供水线路铺设困难

高层建筑火灾扑救时建立供水线路的主要方法为沿建筑外部垂直铺设水带和沿楼梯间蜿蜒铺设水带。外部垂直铺设水带时，水带的固定困难，非常容易发生脱落或坠落，如图6-24所示。

图6-24 高层建筑沿外墙垂直铺设水带

利用楼梯间蜿蜒铺设水带时，需要铺设水带数量较多，约为垂直铺设的2.2倍，消防员体力消耗大。另外，由于水带蜿蜒铺设，在拐角处，水带容易打结，影响出水（图6-25）。

图6-25 高层建筑沿楼梯间蜿蜒铺设水带

（二）供水线路稳定性差

在进行高层供水的过程中，供水线路的稳定性比较差，非常容易出现供水中断现象。通过测试和分析，可以得知，供水线路的稳定性主要受到供水高度、消防泵稳定性和水带稳定性等因素的影响。供水高度越高所需要的消防泵压力越大，最下端的水带所承受压力越大，越容易发生水带的爆裂和脱落。如果发生了水带的破损和脱落，损坏水带的替换比较麻烦，需要耗费较多时间，重新形成供水线路较难。图6-26为水带爆裂之后的水带替换。另外，即使水带足够耐压，对于一般的消防水泵来说，如果长时间高压运转，会非常容易出现故障，造成压力不足或者发生供水中断的情况。

图6-26 高层供水替换破损水带

（三）用水量难以满足

按照相关规范规定，高层建筑内固定消防水泵的流量一般在30L/s左右。通过计算得知，利用室内消火栓灭火，最多可设置5～6支水枪，消防水池的储水量可持续供给6小时。对于大规模火灾现场，依托固定消防设施设置的水枪数量和消防水池储水量远不能满足火场需求。大量的消防用水必须依托移动装备，而受到装备性能和水源情况的限制，高层建筑大规模火灾现场的用水量巨大，火场供水难度较大。图6-27为2017年6月伦敦发生的高层居民楼火灾，该高层建筑为老旧建筑，固定消防设施失效，整个火灾扑救全部依靠移动装备，火场用水量巨大，火场供水难度非常高。

图 6-27　伦敦高层居民楼火灾

三、大跨度举高喷射消防车高层建筑火灾火场供水应用

在进行高层建筑火场供水时，可依托大跨度举高喷射消防车，克服高层建筑供水难点问题。

（一）大跨度举高喷射消防车快速形成供水线路

大跨度举高喷射消防车末端设置有供水口，如图6-28所示。此供水口在高层建筑窗口处可以与水带连接，形成供水线路。

图 6-28　大跨度举高喷射消防车末端供水口

大跨度举高消防车具有较强的跨越和伸展能力，可以较为精确地进行探伸，将炮头和出水口接近高层建筑窗口，如图6-29所示。大跨度举高喷射消防车最高伸展高度可达60m以上，凭借其灵活的臂架形式和优异的跨越能力，可以实现一定高度的跨越、探伸，从窗口处形成供水线路。此种供水线路的建立，比垂直铺设水带和蜿蜒铺设水带更为快捷和稳定。

图6-29 大跨度举高喷射消防车炮头深入建筑窗口

（二）大跨度举高喷射消防车可确保供水压力

大跨度举高喷射消防车搭载美国大力PSP1500消防泵，压力为2.0MPa，配置2.5MPa高压供水臂架管道，理论上可满足200m高楼层的供水需求。考虑到高层建筑周围的展开环境、车辆停靠距离、需跨越障碍等因素的影响，62m消防车其末端设置外接口，通过臂架伸入高层建筑，可迅速建立外部与高层建筑内部的低区供水干线，可直通18层（约55m）左右楼层进行供水，如图6-30所示。

图6-30 大跨度举高喷射消防车垂直展开模式

（三）大跨度举高喷射消防车可确保供水量

大跨度举高喷射消防车搭载消防泵的流量可达到100L/s，如果能够通过大跨度举高喷射消防车到达高层建筑窗口，与水带进行连接，快速形成供水线路，其供水能力不容小觑。如果出水口流量可以达到80L/s（如果只能外接一条水带，流量最大不超过40L/s），则可为内攻作战人员提供13～16支水枪的用水量，大大缓解了火场用水问题，供水方式可参照图6-31所示进行。

图6-31 举高消防车通过窗口连接水带进行高层供水

（四）大跨度举高喷射消防车可协助水带铺设

通过前面的论述，我们已经知道高层建筑火灾火场供水主要线路的建立依靠铺设水带实现，其中沿外墙垂直铺设水带是高层供水中最常见、最有效的水带铺设方式。然而，此种水带铺设主要有三种铺设方法：第一种方法是先预连接所有水带，利用绳索进行吊升，将水带吊升到所需楼层；第二种铺设方法是通过登高的方式，将所有水带都带到所需楼层，预连接后实施下放铺设；第三种铺设方法是分楼层接力连接水带。此三种方法中，第三种分楼层接力连接水带的铺设方式是最节约体力的方式，然而此种方式如果计算出现偏差，会导致水带连接不上，耽误时间。第一种和第二种垂直水带铺设方式比第三种水带铺设方式都更要耗费体力。如果楼层过高，铺设水带时消耗过多体力，会对消防员后面的内攻作战带来较大影响。

大跨度举高喷射消防车具有较好的承载能力，其末端可以吊升180kg的重量，如图6-32所示。利用大跨度举高喷射消防车的吊升能力，可以进行水带的吊升工作，配合其优异的跨越能力和精准的探伸能力，将水带吊升到所需楼层窗口，进行外部水带的垂直铺设，可以大大节省内攻作战人员的体力。

图6-32 大跨度举高喷射消防车末端吊升

第四节 大跨度举高喷射消防车战斗编成

在火灾扑救中，车辆、装备、器材的协同配合非常重要。只有合理实现车辆、装备、器材的有机结合，充分发挥各种装备的性能，形成合力，才能确保火灾扑救过程中灭火剂的供给，提升作战效率，才能最大程度实现灭火救援的战斗力。为了达到车辆、装备、器材的协同配合，应该尽量实施编组作战，即应用战斗编成的方式。

一、战斗编成影响因素分析

在高层建筑火灾扑救中，战斗编成的影响因素较多，主要有以下几个方面。

（一）战术目的的影响

由于战术目的不同，灭火剂的种类需求和数量需求就会不同，因此，应该根据作战目的，明确车辆、装备的相关编组、编成。在高层建筑火灾扑救现场，最主要的战术目的为火势阻截、精准灭火和火场供水。在进行火势阻截时，主要依靠高喷水炮的远程打击性能，需要围绕供水大流量进行编组和编成；在进行精准灭火时，主要依靠大跨度举高喷射消防车的跨越能力和精准打击能力，对于水流量的需求相对较小，供水难度可降低，编组模式可相应进行简化；在进行火场供水应用时，编组、编成不但要考虑供水大流量的需求，还应该考虑与举高喷射车相配套的水带、水枪和分水器等装备器材的协同作战。

（二）车辆、装备性能的影响

车辆、装备性能决定了力量编成方式，主要体现在泵炮流量、泵压力、车辆载灭火剂量等方面。如果主战车辆为水罐车，应用大流量水炮实施冷却，则必须编组供水车辆；如果主战车辆为泡沫消防车，则编组车辆应该既有供水车辆还有供泡沫液车辆。如果主战车辆为高喷消防车，其载水、载泡沫量往往较少，只能实现短时间作战，则需要大流量的供水和供泡沫液车辆的支持，形成稳定的作战编成。

（三）水源情况的影响

水源情况对于作战编成的影响主要体现在流量、储水量和距离三方面。在流量方面，不但要考虑单个消火栓流量，还要考虑整个管网的流量情况。单个消火栓流量越小，需要编组的供水车辆越多；管网流量决定了主战阵地的数量以及天然水源的应用。在储水量方面，要考虑蓄水池的水量和天然水源情况。在距离方面，要考虑消火栓的设置密度以及天然水源的距离。消火栓密度越小，天然水源距离越远，远距离供水需求越大，接力编成车辆越多。

二、高层建筑火灾火势阻截战斗编成

（一）战斗编成依据

48m大跨度举高喷射消防车的水炮最大流量为80L/s，载水量为2t，如果不外接水源，水炮可持续喷射25s。如果外接4条80mm水带连接消火栓，可以确保持续供水不间断。在实施阻截高层建筑火势蔓延时，一般都需要水炮的远程打击，完成一定高度的阻截，所以按照水炮最大流量80L/s进行编成。

（二）战斗编成模式

市政消火栓流量一般为10～15L/s，在加压状态下，或应用吸水管进行吸水供水时，流量可以达到20～25L/s，则在阻截高层建筑火势时，大跨度举高喷射消防车应该至少需要占据4个消火栓，才能够满足80L/s的流量需要。按照相关规范要求，市政消火栓间距不应该大于120m。按照最不利情况，即两消火栓间距120m计算，则可采取SP-311式编成或者SP-411式编成方法。图6-33为大跨度举高喷射消防车SP-311编成方式，即3个供水车辆分别占据1个水源，分别出1条干线向前面主战车供水，主战车占据1个消火栓，出1门高喷水炮，对高层建筑火势进行堵截。

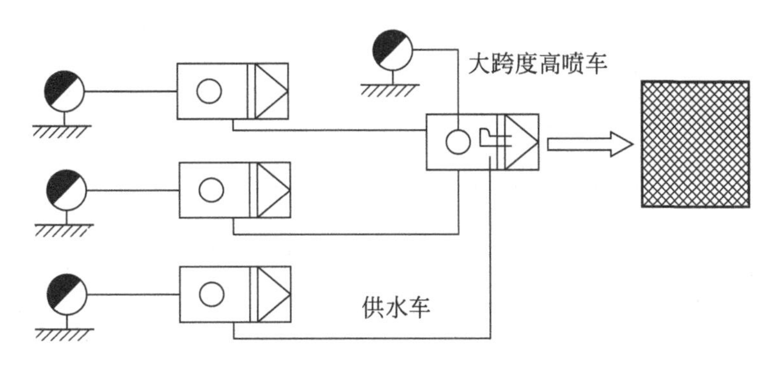

图 6-33 大跨度举高喷射消防车 SP-311 式水炮编成

图6-34为大跨度举高喷射消防车SP-411编成方式，即4个供水车辆分别

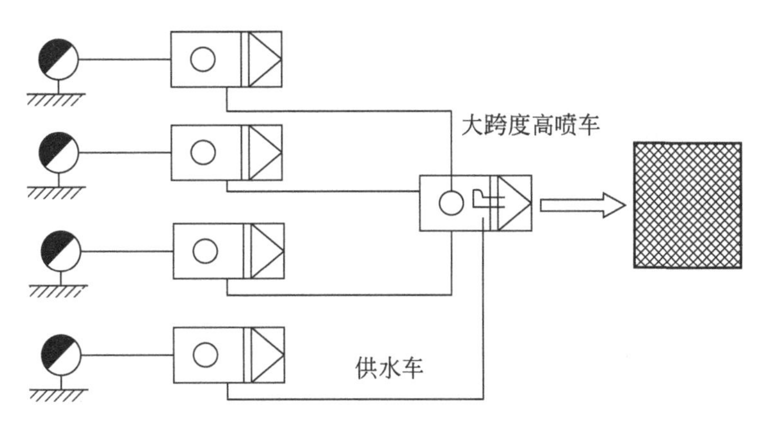

图 6-34 大跨度举高喷射消防车 SP-411 式水炮编成

占据1个水源，分别出1条干线向前面主战车供水，主战车出1门高喷水炮，对高层建筑火势进行堵截。

（三）冷却战斗编成示例

以某高层建筑火灾为例，该建筑高58m，其裙楼高20m。假设建筑外部发生火灾，火势由着火点处向四周蔓延，大跨度举高喷射消防车可跨越裙楼，并将水炮探伸至着火点附近，利用水炮进行火势蔓延的阻截，如图6-35所示。考虑到消火栓分布问题，可采取SP-311的编成方法实施火场供水，即3辆供水车辆分别占据消火栓，各铺设1条干线给大跨度举高喷射消防车供水；大跨度举高喷射消防车占据1个消火栓，利用多臂架进行裙楼的跨越，出水炮阻截火势的蔓延和扩大。

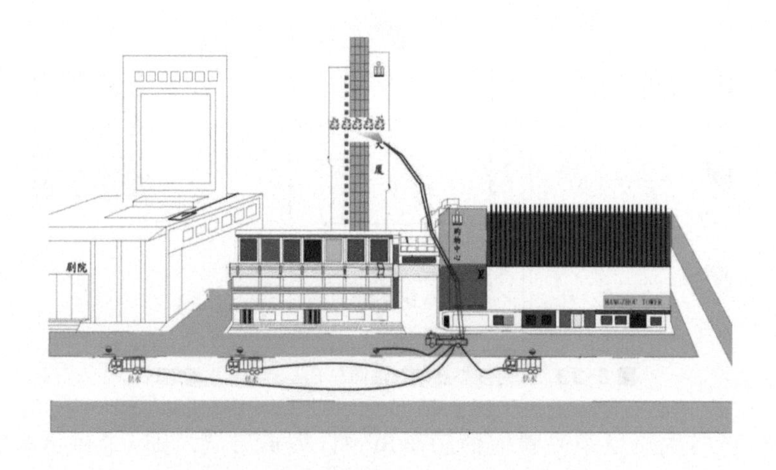

图6-35 某高层建筑外部火势阻截力量部署图

三、高层建筑火灾精准灭火战斗编成

（一）灭火战斗编成依据

与高层建筑外部火势阻截应用不同，建筑火灾的精准灭火主要针对的是火势控制后残火的清理以及特殊位置火点的扑救。此种残火着火面积往往不大，不需要太多灭火剂就能将其扑灭，因此，在进行战斗编成时，不需要按照80L/s的流量进行计算，按照最小水炮流量30L/s进行力量编成即可。

（二）灭火战斗编成模式

市政消火栓流量一般为10～15L/s，2个消火栓即可满足30L/s水炮作战需求，可采取SP-111式编成或者SP-211式编成方法。图6-36为大跨度举高喷射消防车SP-111编成方式，即1个供水车辆占据1个水源，出1条干线向前面主战车供水，主战车占据1个消火栓，出1门高喷水炮，对高层建筑火势进行打击。

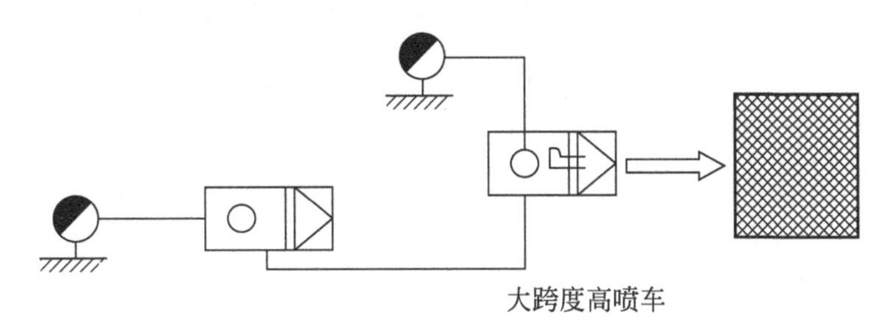

图6-36 大跨度举高喷射消防车SP-111式水炮编成

图6-37为大跨度举高喷射消防车SP-211编成方式，即2个供水车辆分别占据1个水源，分别出1条干线向前面主战车供水，主战车出1门高喷水炮，对高层建筑火势进行打击。

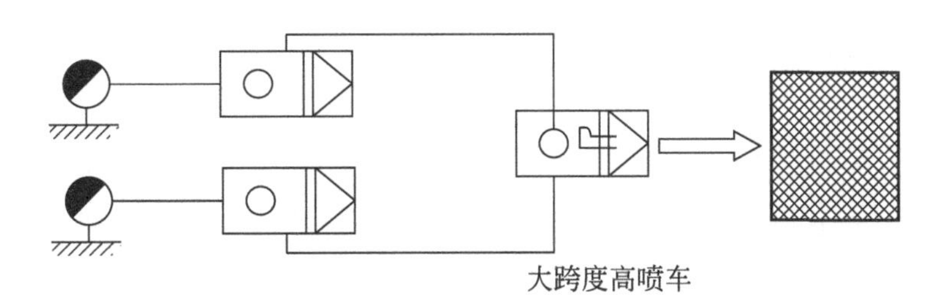

图6-37 大跨度举高喷射消防车SP-211式水炮编成

（三）灭火战斗编成示例

以某高层建筑火灾为例，在建筑外部火势被控制后，还存有几处较小的火势需要彻底扑灭。考虑到减少水渍损失，不需要大流量水炮的打击，精准打击是最主要的作战方式。因此，利用大跨度举高喷射消防车多臂架的灵活性和优异的跨越能力，采取SP-111编成方式，即1辆供水车辆占据1个消火栓给主战车辆供水，主战大跨度举高喷射消防车占据1个消火栓，出1门30L/s

的水炮，可实现多个残余火点的精准打击，如图6-38所示。

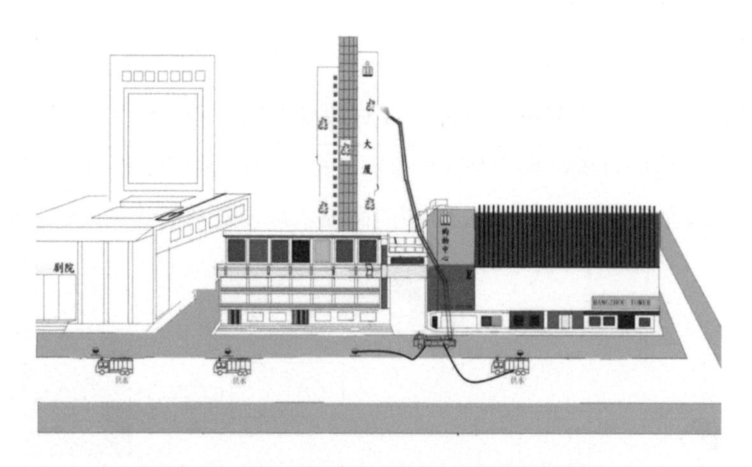

图6-38　某高层建筑外部残火精准打击力量部署图

四、高层建筑火灾火场供水战斗编成

（一）灭火战斗编成依据

大跨度举高喷射消防车被用作供水线路时，可按照其最大流量80L/s进行考虑，可为高层建筑火灾内攻作战人员提供13～16支水枪的用水量。由于大跨度举高喷射消防车搭载的消防水泵压力为2.0MPa，理论上其可供水200m，考虑到水枪的压力需求，则至少能为高150m处的内攻作战水枪阵地实施供水。

（二）灭火战斗编成模式

由于大跨度举高喷射消防车作为供水线路，发挥其最大流量80L/s的供水能力，力量编成可参考SP-311式编成或者SP-411式编成方法进行地面的供水。如果单独作为供水线路，展开时可吊升一定数量水带，便于内攻展开。62m大跨度举高喷射消防车的最高供给高度约50m，水枪进口压力约0.5MPa，则剩余压力约1.0MPa，还可以继续供给100m高度。若每盘水带有效长度按20m进行计算，则应该至少需要5盘垂直铺设的干线水带（直径80mm）。为了确保内攻机动性，还需要1盘水平铺设的干线水带（直径80mm）、4盘支线水带（直径65mm）和1个分水器。如果1盘水带按5kg计算，1个分水器也按5kg进行计算，则上述水带、分水器的总重量约为55kg，大跨度举高喷射消防车的吊升能力满足需求。因此，大跨度举高喷射消防车的供水作战编成应该在地面实施SP-311式或者SP-411式供水编成，吊升过程中携带6盘80mm水带、4盘65mm水带和1个分水器。

（三）灭火战斗编成示例

以某高层建筑火灾为例，该建筑高58m，其裙楼高20m。假设建筑顶部发生火灾，大跨度举高喷射消防车可跨越裙楼，并将水炮探伸至建筑附近，利用供水口与水带连接形成供水线路，如图6-39所示。在建筑内部，通过蜿蜒铺设水带的方式，实施内攻灭火。

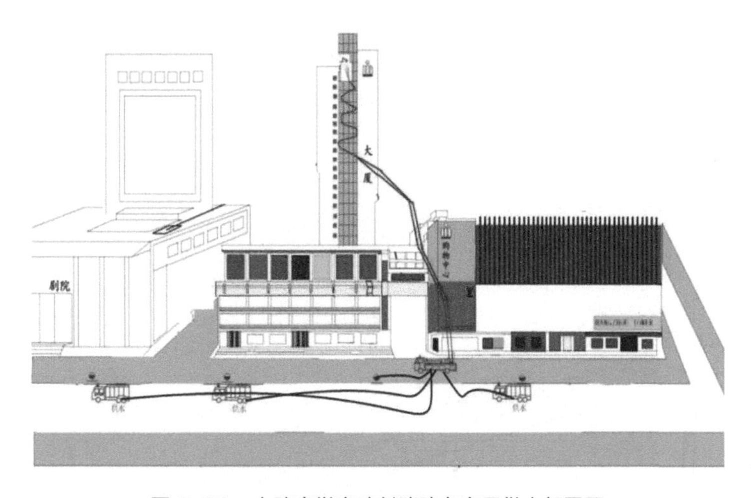

图6-39 大跨度举高喷射消防车高层供水部署图

第五节 典型战例复盘与应用示例

一、基本情况

2009年2月9日，某在建附属文化中心大楼发生火灾。

（一）主体结构及周边情况

该建筑地上30层、高159m，建筑面积103648m²，主体结构为钢筋混凝土结构，如图6-40所示。

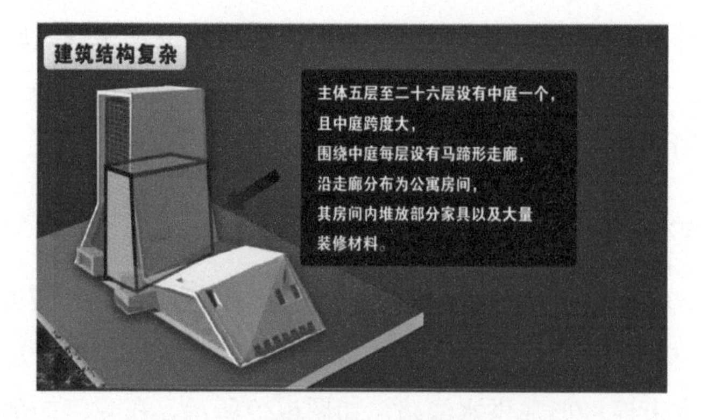

图 6-40　某附属文化中心建筑结构示意图

该建筑南、北外立面装修材料为玻璃幕墙，东、西外立面为钛锌板，使用挤塑板、聚氨酯泡沫等作为外墙保温材料。

（二）消防水源情况

园区内部共有地下消火栓23座，管径为300mm，环状管网，如图6-41所示。

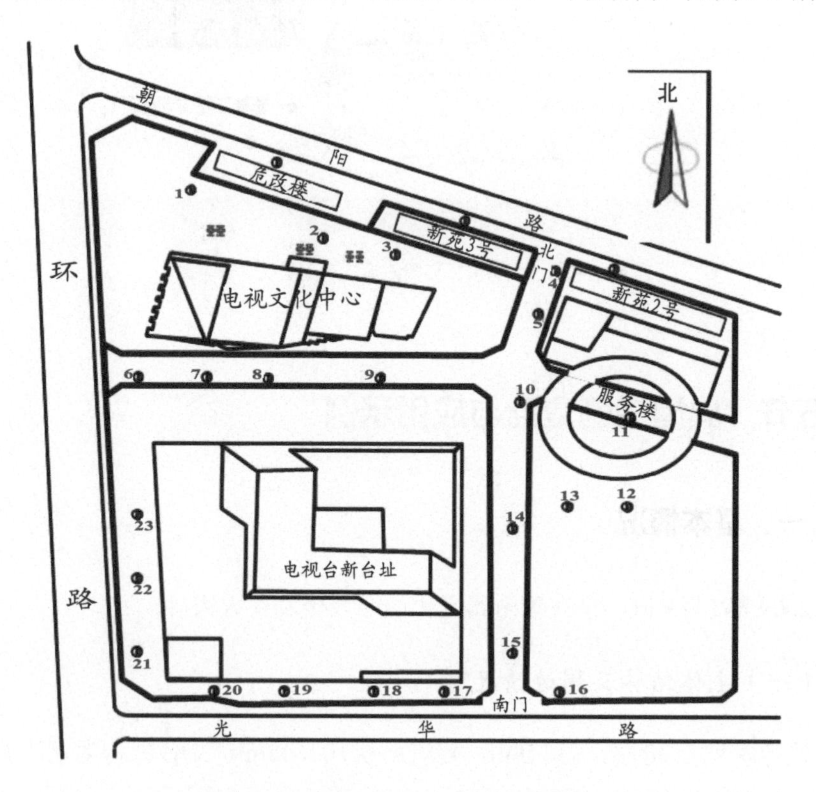

图 6-41　附属文化中心大楼周围水源情况

附属文化中心建筑内有墙壁消火栓435座，管径为150mm，消防水箱2座，总储水量84t，分别位于13层（储水量60t）和29层（储水量24t）。消火栓水泵接合器6座（位于大楼正北侧，由东向西依次排列，距离大楼约15m），喷淋水泵接合器6座（位于大楼西北侧，由东向西依次排列，距离大楼约20m），新址园区500m范围内共有市政消火栓6座。

二、初期阻截火势

（一）初期火灾情况

在大楼火灾初期，着火点为建筑顶部，烟花引燃建筑顶部装修材料后，火势开始从上往下蔓延，如图6-42所示。由图可见，火势有明显的向下蔓延趋势，蔓延速度很快，并且有明显的飞火产生。此时，为了控制火势的蔓延变大，应采取的主要措施为堵截，利用高喷车阻截火势向下蔓延。

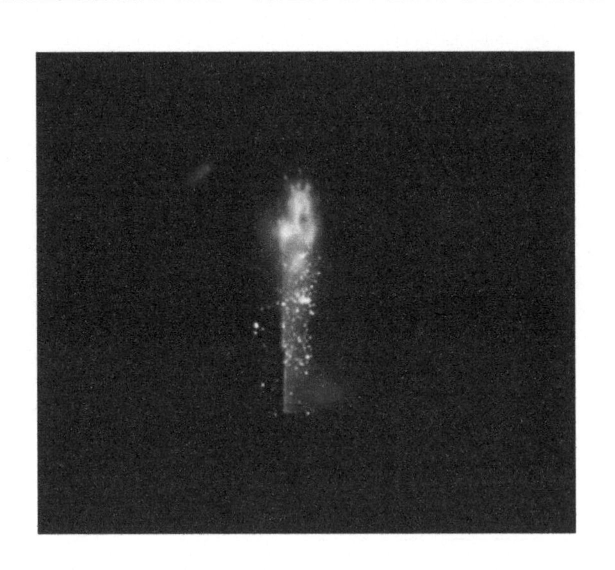

图6-42 附属文化中心大楼火灾初期蔓延情况

（二）火势阻截情况

初期处置力量到场后，采取了登顶灭火的战术方法。但是，火势快速在建筑外部蔓延，发展到猛烈燃烧阶段，如图6-43所示。

图 6-43 附属文化中心大楼火灾猛烈燃烧情况

面对此种情况，到场力量立即利用移动装备器材和消防车辆阻截建筑外部的火势蔓延。如图6-44所示，处置力量主要在着火建筑北侧设置2门车载炮和1门高喷炮进行火势阻截。由于射程有限，再加上建筑结构异形，有些着火部位难以控制，火势逐渐变大。

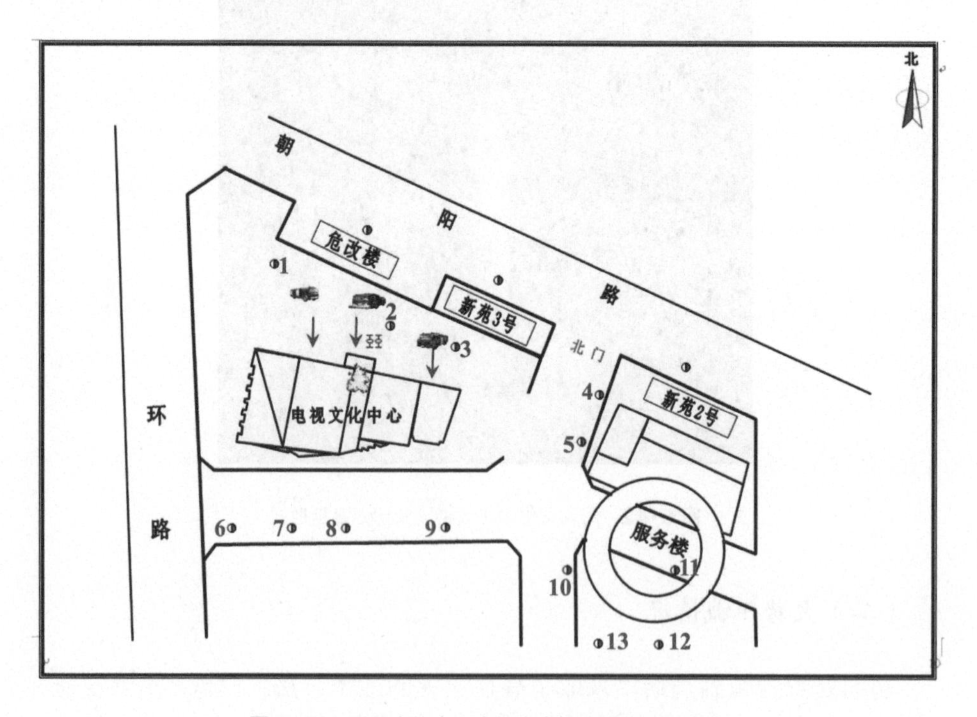

图 6-44 附属文化中心大楼火灾初期阻截火势情况

（三）大跨度举高车的应用分析

利用大跨度举高喷射消防车设置水炮阵地，炮头最高可到达约55m处，再加上80m的水炮射程，其射水高度可达到约130m。附属文化中心大楼高159m，大跨度举高喷射消防车可以起到非常大的阻截作用。另外，大跨度举高喷射消防车凭借其优异的跨越性能，可阻截异形建筑结构的死角火势。如图6-45所示，类似“靴形”建筑结构的“靴头”部分为附属文化中心，大楼西侧为演播大厅。

图 6-45　附属文化中心大楼西侧“靴头”演播大厅

在发生火灾之后，火势由上向下快速蔓延，“靴头”演播大厅是重点保护的位置。但是，由于建筑结构的遮挡，常见高喷车难以实现跨越后精准冷却。“靴头”部位高度约20m，大跨度举高喷射消防车可以轻易实现跨越，并且跨越后可以实现一定距离水平方向的伸展，实现火势的阻截，如图6-46所示。

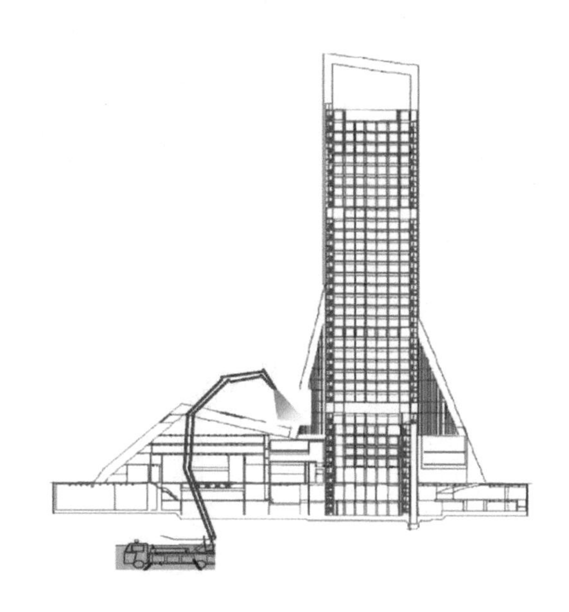

图 6-46　附属文化中心大楼西侧“靴头”火势阻截

三、精准灭火

（一）火灾情况

在火灾后期，着火高层建筑残火出现了多火点燃烧情况，如图6-47所示。

由于建筑结构异形，这些火点的扑救较为困难。

图 6-47 附属文化中心大楼多火点燃烧情况

（二）灭火情况

在面对多火点残火的情况时，现场处置力量采取了内外结合的作战方式，即利用举高喷射消防车在建筑外部实施远程打击，利用内攻方式消灭建筑内部火势，如图6-48所示。此种方式取得了较好的效果，但是人力、物力耗费较大，作战时间较长，且供水要求较高。

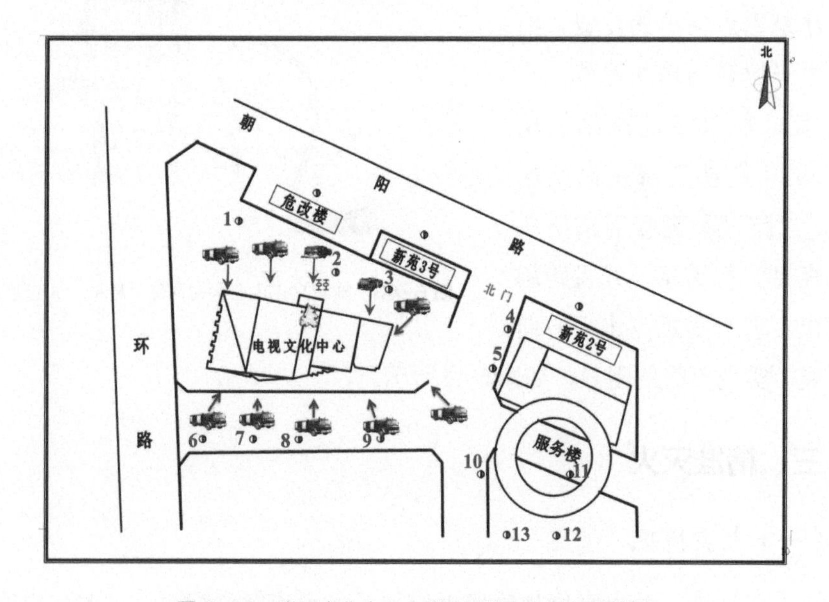

图 6-48 附属文化中心大楼清除残火力量部署情况

（三）大跨度举高车应用分析

针对多火点的残火情况，大跨度举高喷射消防车具有较大的优势，凭借其灵活多变的臂架结构和优异的跨越能力，其覆盖范围较为广阔。如图6-49所示，普通举高消防车在进行外攻灭火时，受到臂架形式的限制，很难实现精准打击。

图6-49 附属文化中心大楼火灾举高消防车灭火情况

而大跨度举高喷射消防车既可以实现精确打击灭火，也可以实现减少水渍损失的目的，提高灭火效率，减少经济损失，如图6-50所示。

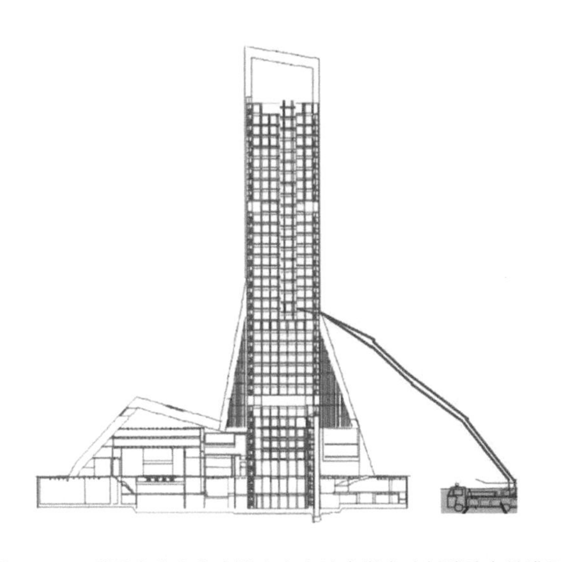

图6-50 附属文化中心大楼火灾大跨度举高喷射消防车精准灭火

四、高层火场供水

（一）现场情况

图6-51为附属文化中心大楼固定消防设施情况，可以看出固定消防设施较为充足，但是在火灾发生时，现场固定消防设施不能运行使用，只能依靠移动装备进行供水。

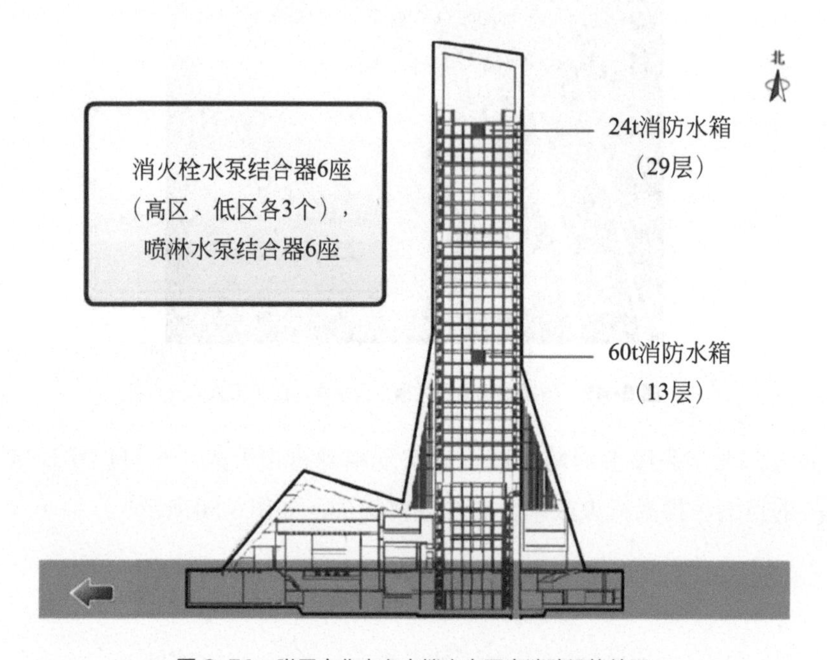

图6-51　附属文化中心大楼火灾固定消防设施情况

（二）供水情况

在附属文化中心大楼火灾扑救的初期，现场的作战方式主要以“外攻为主”，主战车辆依靠供水车辆编成，形成稳定的灭火阵地。在火灾扑救中后期，现场作战方式由“外攻为主”逐渐转变为“内外结合、内攻为主”，火场供水方式随机发生变化。由现场情况可以看出，火场供水难度较大，最终形成的稳定供水线路如图6-52所示，即高层供水为垂直铺设水带形成供水线路，低层供水为蜿蜒铺设水带形成供水线路。

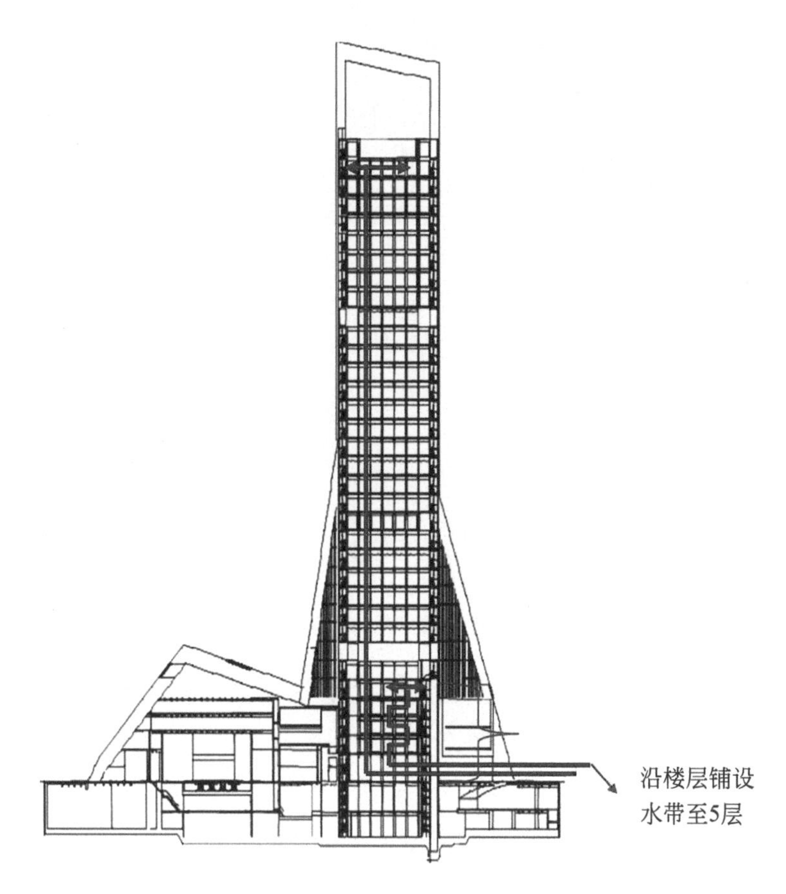

图 6-52 附属文化中心大楼火灾后期火场供水情况

无论是垂直铺设水带还是蜿蜒铺设水带形成供水线路，都有其不稳定性，主要受到消防泵性能、水带的耐压能力以及作战环境的影响。

（三）大跨度举高消防车应用分析

如果利用大跨度举高喷射消防车进行火场供水，既可以利用其臂架的灵活性，快速形成稳定的供水线路，给予内攻人员灭火剂的支持；也可以通过吊升的方式，协助供水线路的形成，节约体力，加快供水进程。对于附属文化中心大楼，其高度为159m，大跨度举高喷射消防车的泵压完全满足供给需求。如图6-53所示，大跨度举高喷射消防车可停靠在附属文化中心东侧，将臂架伸展到尽量高点，接近建筑窗口，通过连接水带，在建筑内部中庭或者是楼梯间实施垂直铺设，将灭火剂供给到楼顶。

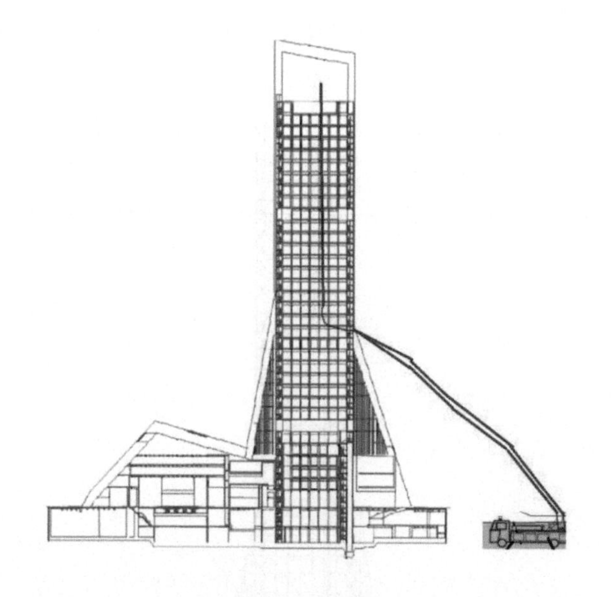

图6-53 附属文化中心大楼火灾大跨度举高车供水情况（一）

另外，还可以通过大跨度举高喷射消防车优异的跨越能力，克服建筑“异形”带来的障碍，将供水线路架设到所需要的楼层，形成较为稳定的供水线路。如图6-54所示，大跨度举高喷射消防车可停靠在附属文化中心西侧，跨越演播大厅后接近建筑窗口，实现建筑内部供水。

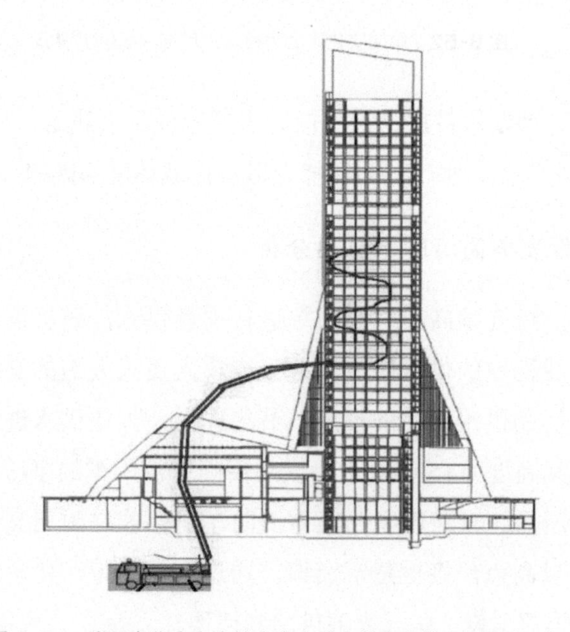

图6-54 附属文化中心大楼火灾大跨度举高车供水情况（二）

综上所述，在高层建筑火灾扑救中，大跨度举高喷射消防车可以实施火势阻截、精准灭火和火场供水等战术。基于上述用法，充分体现了大跨度举高喷射消防车的技术优势，可在一定程度上解决高层建筑火灾扑救的难点。另外，针对高层建筑火灾扑救中的冷却、灭火、供水的需求，进行了战斗编成的研究，并以某高层建筑火灾为例进行了示例说明。最后，针对附属文化中心火灾进行了复盘研究，并针对性地说明了大跨度举高喷射消防车可起到的关键战术作用。

第七章

堆垛火灾扑救技战术应用

堆垛火灾具有鲜明的自身特点，很多堆垛均为易燃物质，堆垛之间间距小，燃烧蔓延速度快，容易形成“火烧连营”的情况。这导致堆垛火灾扑救有较多难点问题，大跨度举高喷射消防车可在堆垛火灾扑救中起到非常重要的作用。

第一节 大跨度举高喷射消防车堵截火势的战术应用

为了避免形成“火烧连营”的情况，在堆垛火灾扑救现场，应及时实施火势堵截，保护未着火堆垛，避免火势的蔓延扩大。

一、堵截火势需求分析

堆垛火灾现场的高温炙烤是引燃邻近堆垛的主要方式。如果堆垛火势较大，邻近堆垛又非常近，被引燃的时间就会非常短。另外，堆垛火灾现场较为容易形成飞火，成为火势蔓延的另外一个主要途径。

（一）冷却着火堆垛

冷却着火堆垛是降低火场温度，阻截火势蔓延的有效方法。如图7-1所示，某木材堆垛火灾，火势较大，邻近堆垛受到较大热辐射威胁，火势有进一步蔓延扩大的趋势。消防救援人员正在组织水枪阵地冷却着火堆垛，以降低热辐射的影响，减缓火势蔓延速度。

图 7-1　某木材堆垛火灾

（二）冷却邻近堆垛

堆垛的布局往往较为密集，邻近着火点的堆垛很容易被引燃。如图7-2所示，某木材堆垛起火后，火势猛烈，邻近的堆垛距离非常近，几乎与着火堆垛直接连接。此种情况下，火场温度非常高，直接冷却着火堆垛作用微弱，可转为冷却未着火堆垛，通过润湿、降温等多重作用，降低邻近堆垛被引燃的可能性。

图 7-2　某木材堆垛蔓延情况

（三）阻截飞火

堆垛大多数为室外堆垛，存储物质以木材、棉花、纸张等物质为主，发生火灾后，此类堆垛非常容易形成零星火点，在风力的影响下，零星火点随风飘散，形成飞火。如图7-3所示，为某纸张堆垛火灾发生后，在大风的影响下，火场上空飘满了飞火。飞火飘到下风方向的堆垛上，引发新的着火点，成为火势蔓延的主要方式之一。此时，如果不能够有效地控制、阻截飞火，则火势蔓延会加速，难以控制。

图7-3　某纸张堆垛火灾现场飞火情况

二、堵截火势作战难点分析

在堆垛火灾扑救中，为了达到堵截火势的作战目标，现场应该尽可能地实施着火区域的冷却，并有效阻截飞火。但是，由于火场温度较高，冷却阵地很难接近着火区域，冷却强度很难保障。另外，着火堆垛的全方位冷却以及邻近堆垛迎火面的冷却均非常困难，灭火作战展开面受限较大。

（一）阵地设置不能过近

堆垛火灾火势的蔓延受到风力、风向的影响非常大。理论上说，阻截阵地应该尽量设置在下风方向，才能够有效实施火势蔓延的阻截。然而，堆垛火灾现场的温度往往较高，下风方向受到的热辐射比较大，火势蔓延速度快，同时还有飞火的影响，如果阻截阵地设置离着火点过近，则被引燃的风险较大。如图7-4所示，某堆垛火灾现场内多个堆垛同时燃烧，下风方向的地面铺满了较多零星火点，冷却阵地很难设置在着火部位周围。

图 7-4　某堆垛火灾猛烈燃烧

（二）需要跨越一定高度

图7-5为某堆垛火灾现场，虽然堆垛的高度并未超过10m，但是，由于堆垛布局密集，间隔太小，火场冷却依然存在一定难度。从图7-5中可以看到，现场冷却应用了车载炮，但是由于需要跨越堆垛冷却火点，冷却水难以精准打击火点，大多数冷却水较为零散，甚至被吹散。如果要实施较为精准、高效的打击，则需要跨越一定高度设置冷却阵地。

图 7-5　某堆垛火灾现场的车载炮冷却

（三）需要伸展一定距离

如果在堆垛火场的侧面开展冷却工作，则需要将冷却阵地尽可能地伸展到着火堆垛或者是邻近堆垛附近。如图7-6所示，冷却阵地距离着火点较远，不能够实施有效的冷却。另外，远距离的水炮轰击，还有可能导致飞火的生成，加速火势的蔓延扩大。如果利用举高喷射消防车设置冷却阵地，可将水炮尽量靠近着火部位，实施精准冷却打击。然而，普通的举高喷射消防车的水平跨越能力较为一般，很难实施大距离水平伸展。

图7-6 消防车载炮冷却阵地

三、大跨度举高喷射消防车堵截火势应用

大跨度举高喷射消防车可在堆垛火灾初期控制、火场冷却方面有较多作战优势，可解决相应作战难题。

（一）远距离设置阵地

在堆垛火灾现场，由于热辐射的影响，消防车辆难以过近停靠，阵地设置一般较远，对于着火部位较深处的冷却和火势堵截难度较大。如图7-7所示，某堆垛火灾中堆垛发生了倒塌，车辆可停靠位置距离火场核心区域较远，火场的冷却和阻截非常困难。

图 7-7　某堆垛火灾发生局部倒塌

如果作战人员铺设水带，利用水枪靠近着火点进行冷却、堵截，阵地的推进和转移较为困难，人员的安全也会受到威胁。如图7-8所示，消防救援人员利用水枪阵地进行堆垛火灾火势的打击和阻截，可以看出，水枪阵地距离着火部位较远，水枪阵地很难直接打击火点。

图 7-8　某堆垛火灾的阻截阵地

利用大跨度举高喷射消防车优异的水平跨越能力，可以实现远距离阵地设置，通过臂架的各种展开模式，可灵活实现大范围的火场冷却。如图7-9所示，在车辆不能靠近着火堆垛时，可将车辆停靠在较为安全的外围，通过大跨度举高喷射消防车优异的跨越能力，实现大范围的水平探伸，将冷却水喷射到着火区域。另外，通过旋转臂架，可轻松实现大范围的冷却覆盖，起到较好的冷却效果。

图7-9 大跨度举高喷射消防车远端探伸冷却堆垛火灾

（二）跨越冷却

在某堆垛火灾扑救中，为了阻截火势的蔓延，救援力量在着火点邻近堆垛的背火面实施了冷却保护，如图7-10所示。此种冷却方式不能直接打击着火点，也不能冷却最危险的邻近堆垛的迎火面，阻截效果非常差。但是，考虑到作战人员的安全，此种方法属于无奈之举。

图7-10 某堆垛火灾中的火场冷却

此堆垛高度约6m，大跨度举高喷射消防车可轻松实现跨越，并可以跨越非常大的水平距离。如图7-11所示，大跨度举高喷射消防车跨越堆垛后，可轻松打击着火部位，还可实施倒勾回打，冷却邻近的堆垛，有效阻截火势蔓延。

图7-11　大跨度举高喷射消防车跨越冷却堆垛

（三）喷雾水阻截

堆垛火灾现场的飞火可高达几十米，并四处无规则飘散。可利用大跨度举高喷射消防车在高空设置喷雾水阵地，有效消除飞火。如图7-12所示，大跨度举高喷射消防车探伸到飞火密集处，利用喷雾水从高向低喷射喷雾水，形成大范围水幕，打击飞火，阻截蔓延。

图7-12　大跨度举高喷射消防车喷雾水阻截飞火

第二节 大跨度举高喷射消防车精准灭火的战术应用

在成功阻截堆垛火灾的蔓延之后，现场作战力量与现场火势进入了持续对抗阶段，应集中优势力量，实施火势的精准打击，逐个火点击破，从而实现火灾的成功扑救。

一、精准灭火战术需求分析

在扑救堆垛火灾时，为了减少灭火剂的浪费，提高火灾扑救效率，应尽量实施精准的火点打击。

（一）强攻灭火

在堆垛火灾被控制，现场已经形成优势兵力后，应组织灭火救援力量强攻灭火。在大规模堆垛火灾的扑救现场，由于火场战线长，火灾荷载大，强攻灭火往往需要大量灭火剂，火场供水难度较大。如图7-13所示，某大型堆垛火灾扑救现场，消防救援人员应用车载水炮强攻压制火势。然而，由于阵地位置较远，火灾燃烧面积较大，水炮的精准打击能力有限。

图 7-13 大规模堆垛火灾强攻压制火势

（二）覆盖灭火

在堆垛火灾扑救中，由于火场环境较为复杂，周围可燃物非常多，如果阵地设置选择错误，不但不能及时扑救火灾，还有可能出现“赶火”现象，导致火势加速蔓延。如图7-14所示，某堆垛火灾现场，火势并不是非常大，但是由于现场环境复杂，灭火救援展开空间受限，灭火阵地只能从一个方向推进。如图所示，2支水枪在同一方向实施推进灭火。此种阵地设置方式，灭火剂不能准确、直接喷射到堆垛上方，还有可能在冲击力作用下，将火势推向远方，造成火势的进一步蔓延变大。此时应采取从上往下的覆盖灭火方式，如果能够将灭火剂从高点直接喷射到着火部位正上方，灭火剂会与燃烧物充分接触和燃烧，会有较好的灭火效果，也不会将火势赶走，造成火势进一步蔓延变大。

图7-14 某堆垛火灾扑救现场

（三）减小损失

在堆垛火灾扑救现场，由于不能够实现“精准打击”，很多救援过程都实施了无差别、全覆盖打击。然而，大多数堆垛在被水全面冲击之后，将失去经济价值。因此，对于多火点堆垛火灾扑救，火点零星分散，堆垛并未出现全面燃烧的情况，此时如果能够实现精准打击，减小水渍损失，可以减少经济损失，提高灭火效率。如图7-15所示，某棉花堆垛发生火灾，呈现多点燃烧状态。为了及时扑灭火势，同时减少损失，消防人员利用水枪靠近火点实施精准灭火。然而，此种方式在大规模火灾现场实施难度较大，水枪阵地难以推进，对于较高位置的火点的打击较为困难，灭火救援人员还有较大危险。此时，需要大跨度举高喷射消防车，通过跨越一定高度和水平距离，实施多点、大范围的精准灭火打击。

图 7-15　某棉花堆垛火灾扑救

二、精准灭火作战难点分析

在堆垛火灾扑救中，精准打击战法的作战难点在于灭火阵地需要尽量靠近着火点，尽量减少用水量。另外，由于堆垛火灾往往面积较大，实现精准打击需要不断转换阵地，难度较高。

（一）需要高点打击

很多堆垛高度较高，发生火灾之后，着火点大多集中于堆垛顶部，往往需要灭火阵地占据高点位置，实施从上往下的射水打击，才能够实现较为精准、有效的火势打击。如图7-16所示，为了能够精准扑灭火点，救援人员铺设水带携带水枪，登高占据邻近堆垛顶部，实施高点打击火点的方式。在实施登高打击的过程中，水带的铺设和阵地转移都非常消耗体力，并且容易出现作战人员的跌倒、坠落等危险情况。

图 7-16 登高作业扑救堆垛火灾

从图7-16可以看出，水枪阵地占据高点之后，虽然在角度上可以满足精准打击火点的目的，但是从距离上还有一定的差距，灭火剂不能准确喷射到着火部位，导致灭火效果大打折扣。因此，高点打击火势的登高过程较为困难，精准程度也有待提高。

（二）火点较远

在堆垛火灾扑救中，由于堆垛所占面积较大，火点位置往往较远，灭火阵地不能靠近设置，难以实现精准打击。如图7-17所示，在某棉花堆垛火灾扑救中，火点位于堆垛较为中间部位，由于道路附近散落棉花堆垛的影响，车辆停靠位置较远，即使作战人员将灭火阵地设置在车顶，从一定高度进行射水，还是不能够准确打击着火部位。

图 7-17 某棉花堆垛的火灾扑救

此时，如果可以跨越附近棉花堆垛，则可以较好地实现火点的精准打击。但是普通消防车难以实现，普通举高喷射消防车由于臂架形式的限制，也很难实现大范围的精准打击。

（三）障碍影响

堆垛火灾现场环境较为复杂，着火堆垛周围可能分布较多邻近堆垛，也可能会有建筑、围墙、道路等障碍物的存在，导致难以实现“精准打击”。如图7-18所示，着火堆垛周围设置有简易围墙，想要精准打击火势，灭火阵地需要跨越围墙。从图中可以看出，现场救援力量设置了1支水枪进行火灾扑救，但是由于障碍物的存在，水枪只能将水喷过围墙，不能精准打击火点。

图7-18 堆垛火灾扑救外围阵地设置

由此可见，想要实现堆垛火灾的精准打击，则需要克服登高设置阵地、跨越水平距离、跨越障碍等难点问题。

三、大跨度举高喷射消防车精准灭火应用

为了实现堆垛火灾的精准灭火，可以应用大跨度举高喷射消防车，实施跨越灭火、探伸灭火和“淋浴式”灭火。

（一）跨越灭火

如图7-19所示，某堆垛发生火灾，消防力量到场后，由于道路的影响，

消防车辆只能停靠在堆垛所在单位外围，与火点之间有建筑、围墙等障碍物的阻隔。在这种情况下，利用移动装备设置水枪阵地、水炮阵地和车载水炮只能实现大范围的无差别覆盖灭火，均不能实现有效的精准打击。

图 7-19 某大型堆垛火灾现场

由图7-19可见，火灾现场的围墙和建筑高度并不高，最多不超过5m，大多数举高喷射消防车都可以实施跨越。但是，普通举高喷射消防车由于臂架形式的限制，跨越后水炮只能架设在较高位置，不能实现大距离水平探伸，也不能实施近距离的精准打击。然而，大跨度举高喷射消防车凭借其独特的臂架形式和优异的跨越能力，可以轻松实现跨越障碍后的水平探伸，可以实

图 7-20 大跨度举高喷射消防车跨越障碍精准灭火

现垂直向下靠近火点或者倒勾回打的灭火方式。这样的作战模式，不但轻松实现了障碍的跨越，更是实现了近战射水，提高了灭火作战效能。如图7-20所示，大跨度举高喷射消防车实施1～5节臂架的斜向展开就可以轻松跨越障碍，将灭火剂直接喷射到火点上方。

（二）探伸灭火

在多火点堆垛火灾扑救中，为了提高灭火效率，节约灭火剂，降低水渍损失，应该针对多火点分别进行精准打击。如果依靠消防救援人员携带水带、水枪靠近设置灭火阵地，不但阵地推进困难，还需要登高作业，热辐射影响也较大。如果利用大跨度举高喷射消防车，可以实现探伸灭火，逐个精准打击各个火点。如图7-21所示，某堆垛火灾现场，出现多个燃烧的火点，为了实现快速、高效灭火，可采取大跨度举高喷射消防车探伸的方式，进行精准灭火。

图7-21　大跨度举高喷射消防车

（三）“淋浴式”灭火

在堆垛火灾扑救现场，为了避免出现“赶火”的情况，应尽量将灭火剂喷射到堆垛正上方。灭火剂从堆垛正上方淋下，会更全方位地与可燃物接触，达到较为充分的热交换，从而获得更高的灭火效率。图7-22为大跨度举高喷射消防车“淋浴式”精准灭火的作战方式。通过大跨度举高喷射消防车的臂架伸展，尽量将水炮探伸到着火点上方，以喷雾水的形式对着火堆垛进行“淋浴”降温。

图 7-22　大跨度举高喷射消防车“淋浴式”精准灭火

第三节　大跨度举高喷射消防车清理残火的战术应用

在堆垛火灾扑救过程中，最危险的阶段为火势猛烈燃烧阶段，此阶段火势蔓延迅速，也是灭火作战最艰难的阶段。但是，在堆垛明火被扑灭后，堆垛内部还存在非常多的阴燃状况，清理残火的工作是灭火救援工作中持续时间最长的作战阶段。

一、清理残火战术需求分析

在清理堆垛火灾的残留火点时，必须对火点逐一彻底清理，才能够避免复燃的可能性。

（一）清理保护

在堆垛火灾的残火清理阶段，可以用人工方式进行清理，消防救援人员可利用火钩、铁锹等工具进行残火的逐一清理，此种方式非常消耗时间和体力。如图7-23所示，即为堆垛火灾扑救现场，消防救援人员利用火钩进行残火清理。此种残火清理方式效率非常低，不适用于大规模堆垛火灾的扑救。

图7-23 人工清理堆垛残火

除了人工手动清理堆垛残火外，最常见的堆垛残火的清理方法为依靠大型机械进行翻打清理。如图7-24所示，为大型机械在清理堆垛残火，主要方法为利用大型机械将堆垛逐一进行挖掘、翻开，以寻找残留火点，然后进行扑救。而大型机械在火场中行走，会受到火场热辐射影响，因此，对于清理残火的大型机械应该实施冷却保护。

图7-24 大型机械清理堆垛残火

（二）阴燃翻打

堆垛火灾后期最容易形成阴燃状态，堆垛内充满了小火点，处于缓慢燃烧阶段。如果置之不理，就有可能造成“星星之火，可以燎原”之势，出现复燃情况。如图7-25所示，堆垛火灾逐渐被控制，马上转入阴燃状态。而阴燃状态的堆垛火灾，依靠水枪、水炮是不能完全消灭的。水枪、水炮的射水只与堆垛表面进行热交换，在冷水作用下，堆垛表面非常容易炭化，形成保护壳。此时，堆垛内部还依然存在大量火点，水枪、水炮的直接喷射，不能够完全消灭阴燃火灾。

图7-25 某堆垛火灾转入阴燃状态

此时，如果想彻底消灭阴燃火势，必须将堆垛像洋葱一样逐层剥落，翻开一层消灭一层，直至完全消灭，这也就是常说的翻打残火。然而，翻打残火过程中必须利用水枪、水炮与大型机械相配合。

（三）大范围覆盖

由于堆垛本身所占面积就较大，在发生火灾后，某些堆垛结构还会因为重心的变化发生松散或倒塌，导致所占面积更大。因此，在清理残火阶段，大面积残火的清理是必不可少的。如图7-26所示，为某堆垛火灾的残火清理阶段。从图中可以看出，堆垛残火面积较大，清理工作较为困难，消防救援人员利用水枪、水带艰难推进，并利用手动工具清理残火。此种大范围残火的清理工作，非常消耗操作人员的体力，还非常容易有残火遗留。

图 7-26 堆垛火灾残火清理

二、清理残火作战难点分析

在清理堆垛残火时，由于现场环境复杂，残火面积大等问题，导致清理时间长，难度大。

（一）跟进保护困难多

为了快速清理堆垛残火，大型机械的应用非常广泛。然而，大型机械在推进和清理过程中，需要经过高温地带，甚至会穿过残火区域，有较大风险。此时，应该利用水枪阵地进行跟进保护。如图7-27所示，某堆垛火灾清理残火阶段，大型机械辅助推进清理。此时，由于环境较为复杂，道路狭窄空间受限，起保护作用的水枪阵地很难及时跟进。

图 7-27 大型机械清理堆垛残火

另外，在很多堆垛现场，堆垛面积很大，堆垛货物松软，人员难以在堆垛上方行进。如图7-28所示，为某棉花堆垛火灾扑救现场。在大型机械清理现场时，在其后部跟进了1支水枪进行保护。但是由于地面棉花过多，松软不平，水枪阵地跟进非常困难。从图中可以看出，水枪阵地几乎完全在大型机械后方，射水保护作用比较微弱。在此现场，除了水枪保护外，还设置了1门高喷水炮进行保护。从图中左侧，可以看到高喷水炮射流情况。然而，由于高喷车臂架结构的原因，此水炮只能设置在高点，不但不能实施精准的水雾保护，射水冲击力还对大型机械有较大威胁。由此可见，想对清理堆垛残火的大型机械进行及时、有效的喷雾水保护，难度较大。

图7-28 大型机械清理残火时的水枪、水炮保护

（二）登高作业有风险

由于大多数堆垛都有一定高度，在很多堆垛残火清理现场，水枪阵地都需要登高作业。如图7-29所示，某棉花堆垛火灾扑救过程中，残火清理时通过架设消防拉梯，并利用堆垛结构进行了登高作业。但是棉花结构较为松散，在火灾破坏下，其包装袋容易被破坏，棉花会崩开、倒塌，登高作业人员有坠落危险。

另外，在很多堆垛火灾现场，如果堆垛下半部分已经过火燃烧，再加上灭火剂射流的冲击，有可能会导致整个堆垛的重心发生偏移，从而发生整体

图7-29　登高作业清理棉花堆垛残火

性倒塌，登高作业非常危险。如图7-30所示，某纸卷堆垛底部发生火灾，再加上水枪阵地的直接冲击，纸卷堆垛重心发生偏移，发生倒塌。此堆垛中单个纸卷的重量约600kg，倒塌对于人员安全威胁较大，非常危险。因此，在清理残火时，应谨慎采取登高作业。

图7-30　纸卷堆垛火灾发生倒塌

（三）大范围覆盖难度大

堆垛残火面积都较大，需要实施大范围的清理。如图7-31所示，为某棉花堆垛火灾后期清理现场。此时，需要清理的残火面积较大，如果利用水枪阵地推进清理会非常困难；如果应用水炮进行无差别覆盖，会导致整个堆垛失去价值。因此，需要进行大范围、精准覆盖，但是普通的装备器材难以做到。

图 7-31　某棉花堆垛残火清理

三、大跨度举高喷射消防车清理残火应用

大跨度举高喷射消防车凭借其独特的臂架结构和优异的跨越能力，可以解决堆垛火灾扑救残火清理中的诸多难题。

（一）跟随保护

在利用大型机械进行残火清理作业时，可利用大跨度举高喷射消防车进行跟随保护。由于大跨度举高喷射消防车可以实现大范围的跨越和探伸，并可以通过臂架形式的变换，始终将水炮放置在大型机械作业面上，所以可以实现跟随保护。如图7-32所示，在棉花堆垛火灾残火清理过程中，可以将大跨度举高喷射消防车停靠在外围，然后依靠臂架伸展，将喷雾水喷射到大型机械前部，达到保护的作用。

图 7-32　大跨度举高喷射消防车的跟随保护

（二）高位清理

对于堆垛高点位置的残火清理，为了消除倒塌带来的危险，减少救援人员的登高作业，可以使用举高喷射消防车进行水流打击和喷雾水覆盖。然而，由于普通举高喷射消防车的臂架形式，限制了其将水炮精准靠近着火点的可能性。利用大跨度举高喷射消防车可以解决此问题，实现火点的精准打击，降低倒塌带来的伤亡风险。如图 7-33 所示，某棉花堆垛火灾后期清理工作中，可利用大跨度举高喷射消防车进行残火清理。由于此堆垛高度约 10m，

图 7-33　大跨度举高喷射消防车高位喷雾水清理残火

大跨度举高喷射消防车可以轻松实施跨越，并将喷雾水准确喷射到残火处。由于应用的是喷雾水“淋浴式”覆盖，可以使得灭火剂与堆垛充分接触、换热，达到灭火的目的。另外，还可以调整末端臂架，将炮头水平方向对准堆垛顶部燃烧物，通过变换射流形式，以直流水炮的形式翻打顶部残留火点。

（三）大范围覆盖

对于大面积的堆垛残火，依靠水枪阵地的清理较为困难。一般情况下，应该依靠大型机械进行挖掘、翻开，并配合水枪阵地进行翻打。但是，此种翻打方式，非常消耗时间和人力、物力。如果残火仅停留在堆垛表面，可以实施尽量冷却、打击火点，然后再进行挖掘、翻开的操作，不但可以减小后期复燃的可能性，还减小了后期翻打的难度和工作量。

如图7-34所示，某堆垛火灾扑救中，堆垛下部已经实施了覆盖保护，成功控制了火势的发展蔓延。在堆垛顶部，还有阴燃和零星火点。利用大跨度举高消防车的跨越能力，可以实施较为精准的大范围残火的清理工作。相对于人工操作的水枪阵地清理残火来说，大跨度举高喷射消防车操作简便、作战效率更高。

图7-34 大跨度举高喷射消防车实施大范围残火打击

第四节 大跨度举高喷射消防车战斗编成

在堆垛火灾扑救中，车辆、装备、器材的协同配合非常重要。只有合理实现车辆、装备、器材的有机结合，充分发挥各种装备的性能，形成合力，才能确保火灾扑救过程中灭火剂的供给，提升作战效率，才能最大程度实现灭火救援的战斗力。为了达到车辆、装备、器材的协同配合，应该尽量实施编组作战，即应用战斗编成的方式。

一、战斗编成影响因素分析

在堆垛火灾扑救中，战斗编成的影响因素较多，主要有以下几个方面。

（一）战术目的的影响

由于战术目的不同，灭火剂的种类需求和数量需求就会不同，因此，应该根据作战目的，明确车辆、装备的相关编组、编成。在堆垛火灾扑救现场，最主要的战术目的为火场冷却和火点的精准打击。堆垛火灾扑救中的灭火剂主要为水，可进行水炮和喷雾水炮的力量编成。对于特殊堆垛的火灾，例如轮胎堆垛、塑料制品堆垛火灾，泡沫灭火剂的灭火效果要好于水灭火剂，可进行泡沫炮的作战编成。

（二）车辆、装备性能的影响

车辆、装备性能决定了力量编成方式，主要体现在泵炮流量、泵压力、车辆载灭火剂量等方面。如果主战车辆为水罐车，应用大流量水炮实施冷却，则必须编组供水车辆；如果主战车辆为泡沫消防车，则编组车辆应该既有供水车辆还有供泡沫液车辆。如果主战车辆为高喷消防车，其载水、载泡沫量往往较少，只能实现短时间作战，需要大流量的供水和供泡沫液车辆的支持，形成稳定的作战编成。

（三）水源情况的影响

水源情况对于作战编成的影响主要体现在流量、储水量和距离三方面。在流量方面，不但要考虑单个消火栓流量，还要考虑整个管网的流量情况，即罐区消防泵的情况。单个消火栓流量越小，需要编组的供水车辆越多；罐区管网流量决定了主战阵地的数量以及天然水源的应用。在储水量方面，要考虑蓄水池的水量和天然水源情况。在距离方面，要考虑消火栓的设置密度以及天然水源的距离。消火栓密度越小，天然水源距离越远，远距离供水需求越大，接力编成车辆越多。

二、水炮战斗编成

（一）水炮战斗编成依据

大跨度举高喷射消防车的水炮最大流量为80L/s，载水量为2t，如果不外接水源，水炮可持续喷射25s。如果外接4条80mm水带连接消火栓，每条水带流量约20L/s，可以满足供水需求（如单个消火栓流量较大，可减少供水线路）。

（二）水炮战斗编成模式

如果厂区内单个消火栓流量可达到40L/s，则可以采取供水车辆分别出双干线给前方主站举高喷射消防车供水的方法，水炮编成可以采取如图7-35所示的SP-121式编成，即1个供水车辆占据一个水源，分别出2条双干线向前面主战车供水，主战车自己占据一个消火栓，确保供水流量，主战车辆出1门高喷水炮，对堆垛实施冷却、降温和灭火。

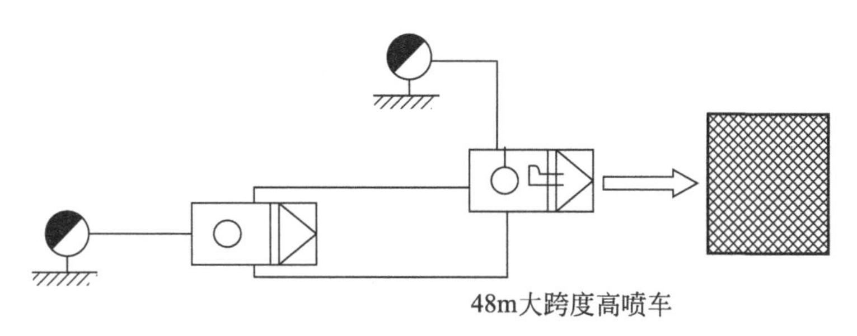

图7-35 大跨度举高喷射消防车SP-121式水炮编成

如果水源较远，主战车周边没有消火栓，也可以采取图7-36所示的SP-221的方式进行力量编成，即2个供水车辆，分别占据消火栓，分别出双干线向主战车供水，主战车不占据消火栓，出1门高喷水炮，实施冷却和灭火。

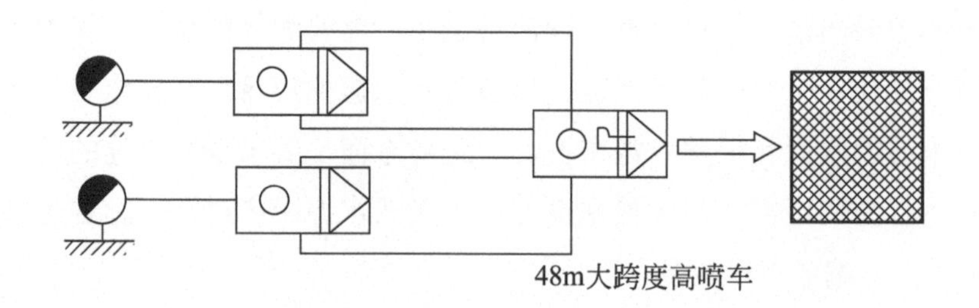

图7-36 大跨度举高喷射消防车SP-221式水炮编成

（三）水炮战斗编成示例

2013年7月，某棉麻采购站发生火灾，起火部位为整个厂区西南角（如图7-37中标黑部位），当日风向为东南风，火势有快速向北侧蔓延变大的趋势。将大跨度举高喷射消防车停靠在邻近堆垛的北侧，采取SP-121的方式进行供水编成。由于邻近的堆垛高度为8m，长度为26.5m，大跨度举高车可以轻松跨越，并可应用水炮精准打击南侧着火堆垛，力量部署如图7-37所示。此种力量部署方法，还可以利用大跨度举高喷射消防车的倒勾回打方式，冷却、降温邻近堆垛。

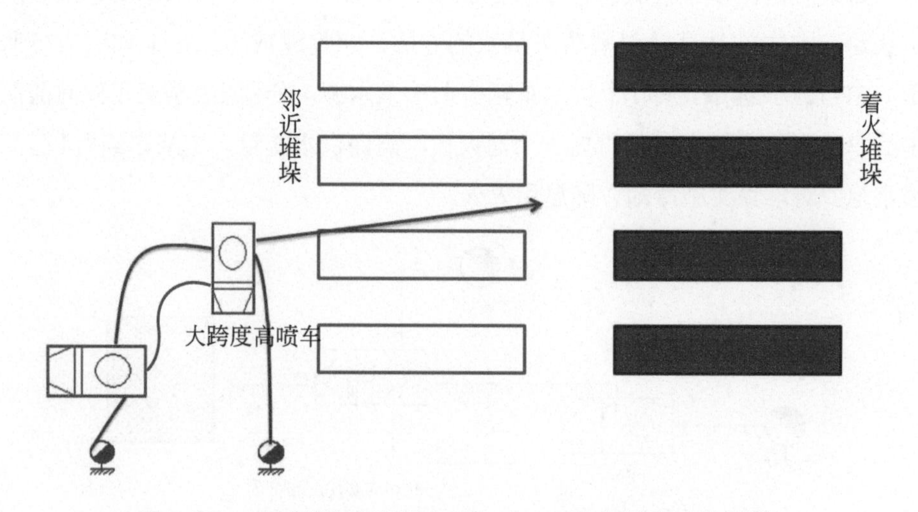

图7-37 大跨度举高喷射消防车采取SP-121编成跨越打击着火堆垛

三、喷雾水战斗编成

（一）灭火战斗编成依据

参考多功能水枪喷雾水的保护能力，当流量为6.5L/s时，可保护直径为2.5m的圆形面积，大跨度举高喷射消防车从高点设置喷雾水，其保护面积将会更大，推算流量控制在20L/s左右时，即可满足火场强度要求。

（二）灭火战斗编成模式

通过计算可知，48m大跨度举高喷射消防车单独作战，按20L/s流量喷射喷雾水，可持续喷射13.88min。结合实际情况，喷雾水的阵地设置可以依靠大跨度举高喷射消防车占据1个水源独立作战。如果水源距离较远，也可以实施1个水罐消防车占据水源，单干线给大跨度举高喷射消防车实施供水的作战模式，可编号为PWP-111，如图7-38所示。

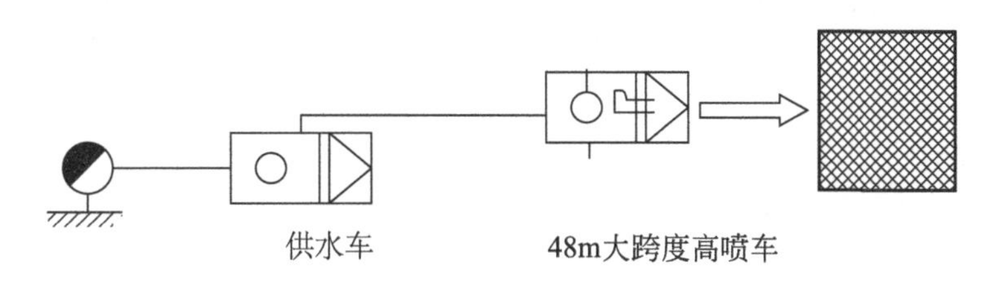

图7-38 大跨度举高喷射消防车PWP-111式喷雾水炮编成

（三）灭火战斗编成示例

以某棉麻采购站发生火灾为例，受到风的影响，着火堆垛产生的飞火会向下风方向，即堆垛北侧飘散，导致火势蔓延变大。为了阻截飞火四处飘散，可从高空设置喷雾水阵地，从上往下喷射喷雾水，形成水幕屏障，可起到阻截飞火飘散，同时冷却、消灭飞火的作用。利用大跨度举高喷射消防车，可以在高点设置喷雾水炮阵地，从而实现水雾屏障的设置。如图7-39所示，可以将大跨度举高喷射消防车设置在着火点东侧（侧上风方向），探伸臂架至着火堆垛下风位置，设置喷雾水阵地。可按照PWP-111的编成方式，即利用1个水罐消防车占据1个消火栓，单干线给大跨度举高喷射消防车进行供水。

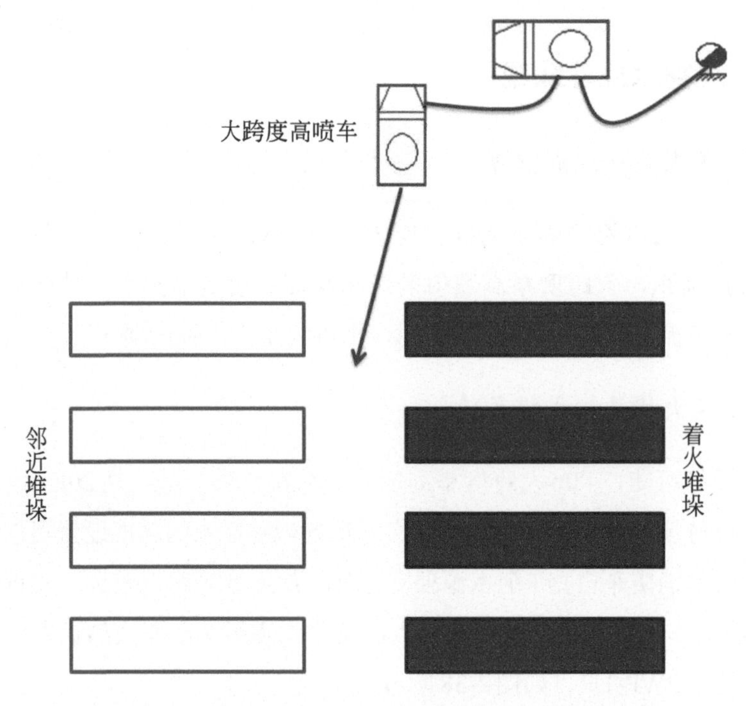

图 7-39 大跨度举高喷射消防车喷雾水阵地设置力量部署图

第五节 典型战例复盘与应用示例

一、基本情况

2013年5月31日，黑龙江某堆垛发生火灾。当日16时30分火势得到控制，次日4时火势被全部扑灭。火场用水1718吨，保护粮囤82个、库房12个、烘干塔2座以及办公用房、材料库等建筑，火灾未造成人员伤亡。此次火灾过火面积11689m²，直接财产损失307.9万元，起火原因系配电箱导线与箱体摩擦短路打火，引燃周围可燃物。

（一）单位情况

该着火单位储粮14.6万吨，其中黄豆2.7万吨，玉米7.6万吨，水稻4.3万吨。建有各类库房13个，烘干塔2座；设有临时苇苫粮囤160个，其中东侧粮囤区56个、西侧粮囤区18个、南侧粮囤区82个、5号露天堆垛旁4个，每个粮囤储粮约500吨，粮囤间距约为2m；在库区中部和西部设有露天堆垛5个，具体情况如图7-40所示。

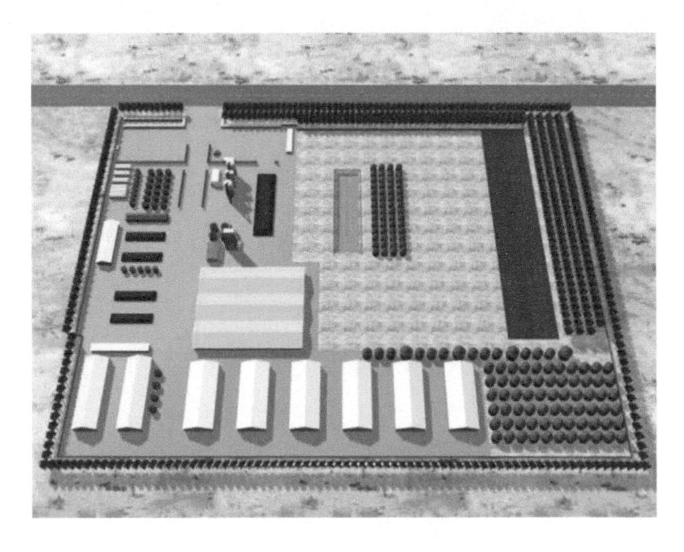

图7-40　布局情况

（二）燃烧物情况

火场燃烧物有三种。一是砖木结构的粮食库房，如图7-41所示。在燃烧过程中，该堆垛出现了建筑倒塌的情况。

图7-41　砖木结构的粮食库房

二是钢筋龙骨结构的苇苫粮囤，如图7-42所示。在燃烧过程中，此堆垛失去束缚能力，粮囤崩开，造成大面积堆垛火灾，并造成飞火。

图7-42 钢筋龙骨结构的苇苫粮囤

三是麻袋堆砌的露天堆垛，如图7-43所示。该堆垛在燃烧过程中，呈现出多点燃烧的情况，在火灾后期呈现出典型的阴燃情况。

图7-43 麻袋堆砌的露天堆垛

（三）消防组织及设施情况

该粮库有专职消防队1支，水罐消防车1台，专职消防员3人。库区内设有露天蓄水池1个，储水2500吨；地下消防水池1个，储水300吨；室外地下消火栓9处，流量5.7L/s。库区外2km范围内有1处消防水鹤，流量60L/s；6处农用机井，流量5L/s。厂区消防设施情况，详见图7-44。

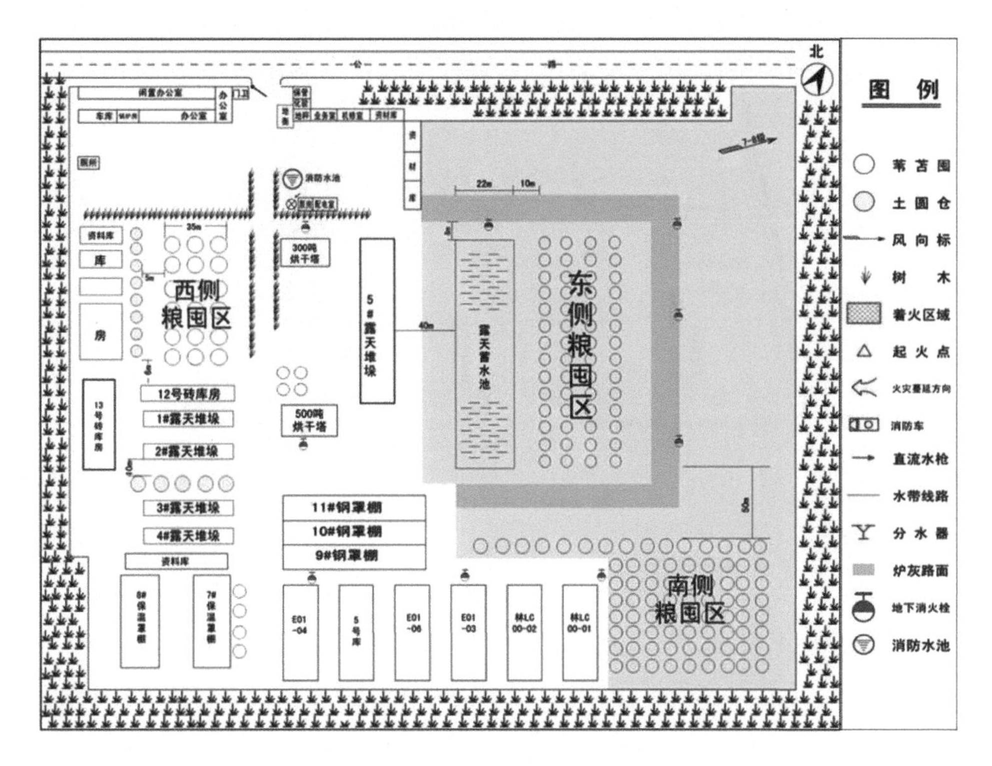

图 7-44　厂区消防设施情况

（四）天气情况

起火当日多云，风向西南风，风力7～8级，并伴有强对流天气，最高气温34℃。当日风对火势蔓延的影响非常大，导致火势蔓延迅速，并伴随大量飞火，火灾蔓延的阻截非常困难。

二、阻截火势

（一）火灾情况

13时50分，消防大队到达火场，经过侦察发现库区已形成三处火点，并均已进入猛烈燃烧阶段。第一处火点为库区西侧全部燃烧的1号露天堆垛以及相邻的12号库；第二处火点为库区中部大部分燃烧的5号露天堆垛；第三处火点为库区东侧粮囤区大部分燃烧的苇苫囤，如图7-45所示。火势正向北、东、南三个方向蔓延，威胁北侧和南侧粮囤区；蓄水池边土质松软，消防车无法停靠取水。

图 7-45 初期火势情况

（二）处置情况

指挥员将灭火力量部署在火势蔓延方向以及可能造成重大损失的部位：第一组2辆水罐消防车部署在12号库东北侧，出2支水枪控火；第二组3辆水罐消防车部署在南侧和东侧粮囤区中间，出2支水枪阻止火势向南侧粮囤区蔓延，力量部署如图7-46所示。

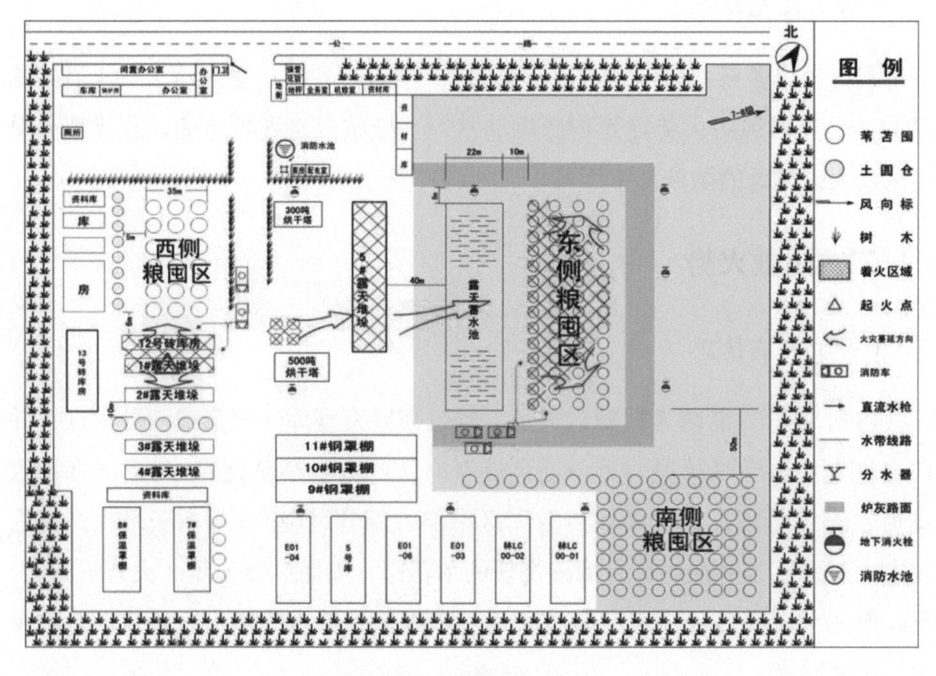

图 7-46 初期阻截火势情况

从现场火势来看，现场救援力量短时间内不足以扑救火灾，主要以阻截蔓延、控制火势为主要作战目标。在力量部署方面，一共设置了4支水枪，分别部署在不同部位进行火势阻截。

其中，2支水枪设置在西侧第一着火点，由于堆垛之间间距较小，水枪阵地难以实施北侧的正面阻截。再者，着火的12号堆垛库房约长40m，利用2支水枪实施冷却保护，阻截火势，力量明显不足。

另外2支水枪部署在第三火点的西南侧，阻截火势向南侧蔓延。值得注意的是，当时火场的风向为西南风，风力达到7～8级。在风力的影响下，火势向东北侧蔓延的趋势更为明显。因此，西南侧2支水枪设置的合理性有待商榷。

（三）大跨度举高车的应用分析

如果利用大跨度举高喷射消防车阻截火势，可参照图7-47进行力量部署。在第一着火点，可在东北侧设置1台大跨度举高喷射消防车，采取SP-121的模式实施水炮编成。由于堆垛的高度都不是很高，12号着火的砖库房南侧约宽

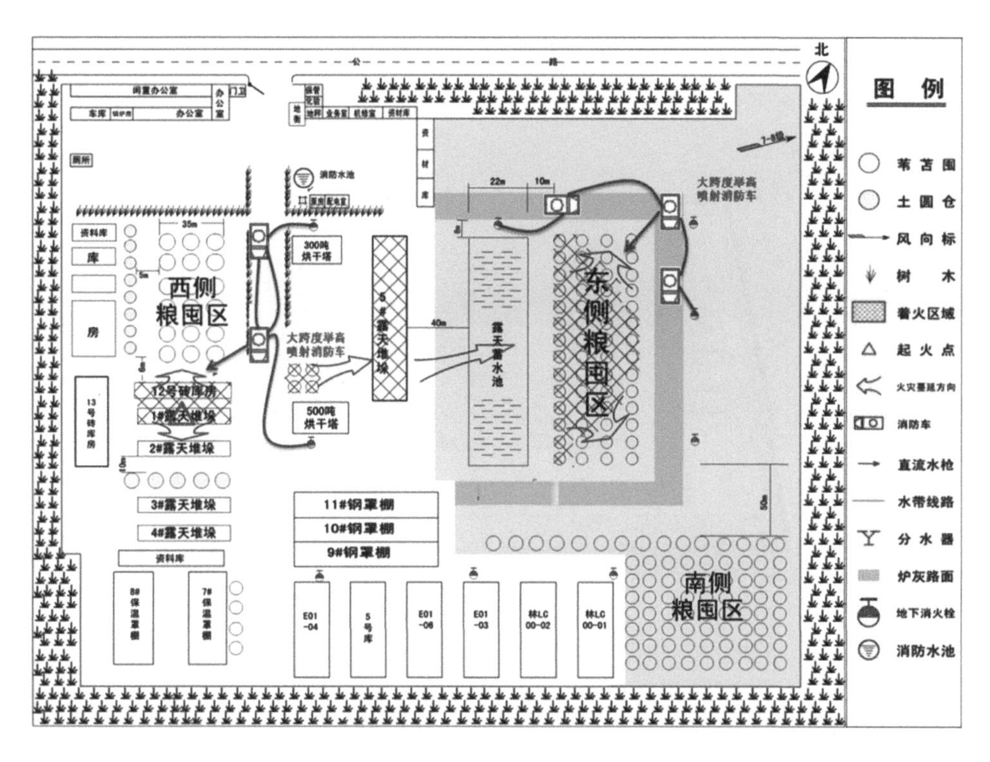

图7-47 大跨度举高喷射消防车初期阻截火势力量部署图

40m，大跨度举高喷射消防车可以较为容易地通过跨域和探伸的方式，实施12号砖库房的冷却。另外，12号砖库房北侧的粮囤区的宽度约为35m，大跨度举高喷射消防车也可以完全冷却，甚至部分粮囤可以实施倒勾回打，达到冷却的目的。

对于东侧粮囤区的火势阻截，建议将大跨度举高喷射消防车设置在下风方向，即东北角的位置，通过实施SP-221的模式进行力量编成，占据水源实施供水后，建议大跨度举高喷射消防车通过跨越、探伸等方式，冷却东北角未被引燃的粮囤，阻截火势的蔓延。

三、冷却控火

（一）火灾情况

14时，12号库房房顶塌落，形成大量飞火引燃西侧粮囤区，火借风势迅速蔓延扩大。14时25分，西侧粮囤区18个苇苫囤、5号露天堆垛和东侧粮囤区56个苇苫囤已全部过火燃烧，大部分苇苫囤崩垛，如图7-48所示。由于初期救援力量明显不足，火势难以控制，此时的火势已处于猛烈燃烧阶段。

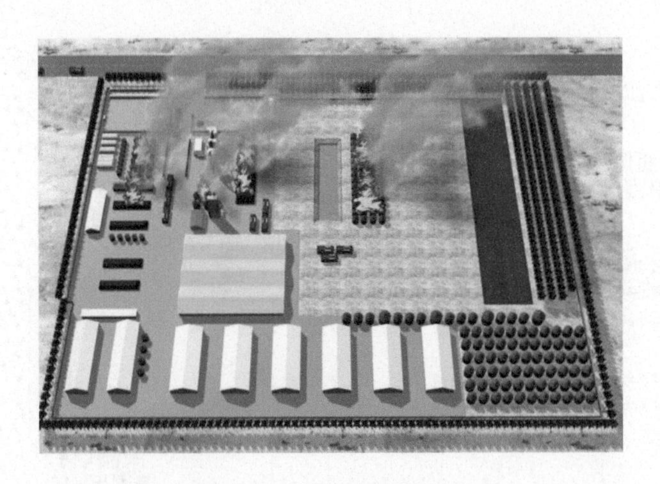

图7-48 火势猛烈燃烧阶段

（二）处置情况

由于初期火势没有被有效遏制，火灾已经进入猛烈燃烧阶段。考虑到火场的实际情况，其北侧几乎已无可燃物，而南侧虽然处于上风方向，但是依然还有很多未被引燃的堆垛。因此，此时救援的主要目的从阻截火势向北侧蔓延转变为了冷却控制现场火势，预防火势向南侧蔓延。现场作战指挥部确定“保护重点、有效控制、减少损失”的作战思想，命令林甸大队重点保护南侧未燃烧的82个苇苫囤，组织陆续到场的义务消防队利用简易消防车协助灭火。

图7-49为火灾猛烈燃烧阶段的力量部署图。从图中可以看出，在第一着火点共部署了5支水枪，均部署在着火点东侧。水枪阵地均属于下风方向，以堵截、控制为主。在第二着火点，共设置了5支水枪，处于半包围状态。在第三着火点，共设置了10支水枪，其中5支水枪在着火区域西侧，2支水枪设置在着火区域南侧，3支水枪设置在着火区域东侧。

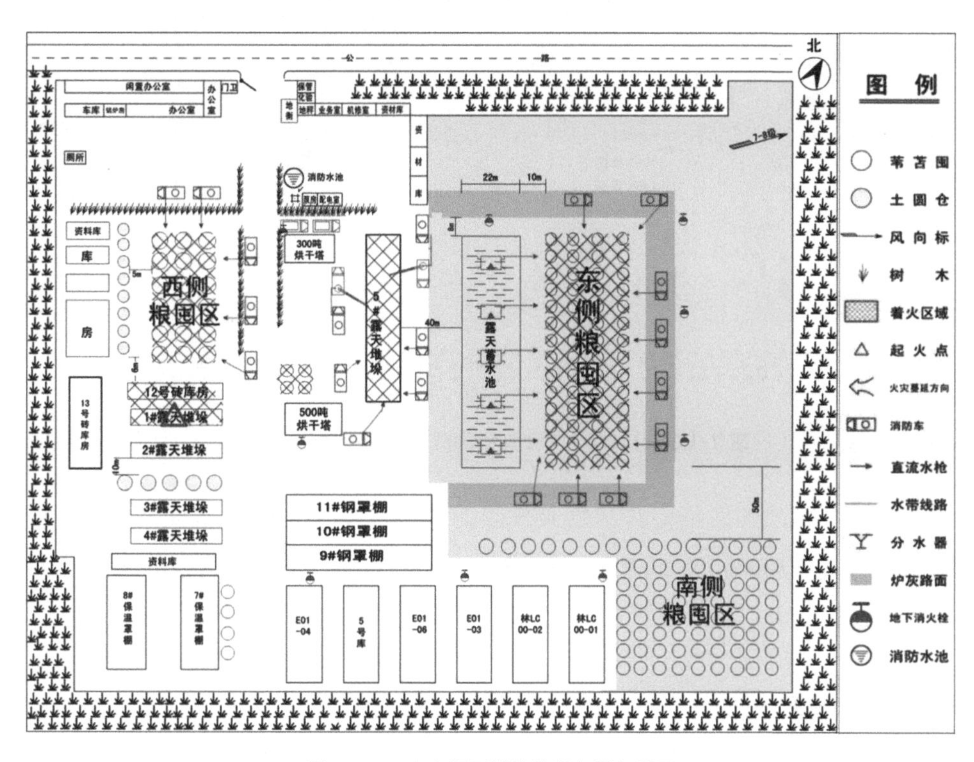

图7-49 火灾猛烈燃烧阶段力量部署图

（三）大跨度举高车应用分析

在图7-49中可以看出，冷却、控火的力量部署较为分散，并未集中在火场南侧最主要部位。但是，现场力量与火势已呈现对抗态势，重点任务即为冷却和控制火势。如果利用大跨度举高喷射消防车，可选择性放弃一些燃烧区域，将力量部署在重点部位。图7-50为大跨度举高喷射消防车冷却控火的力量部署图方法。

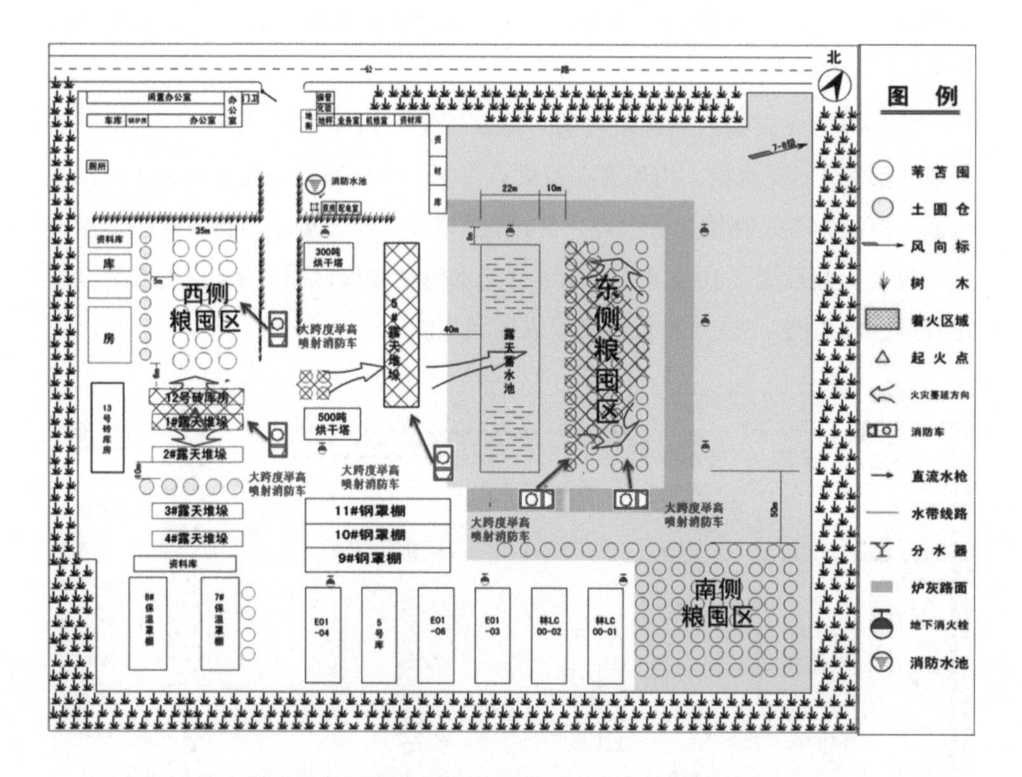

图7-50　大跨度举高喷射消防车冷却控火的力量部署图

大跨度举高喷射消防车凭借其优异的性能可以覆盖较大的着火面积，根据水源情况利用SP-121或者SP-221进行火场供水编成，可参考图7-50将大跨度举高喷射消防车重点设置在着火堆垛南侧，选择性放弃北侧局部着火区域。

四、总攻灭火

（一）火灾情况

15时45分，风力减弱，火势趋于稳定，如图7-51所示。在增援力量逐渐到场之后，现场逐渐形成优势兵力。

图 7-51 火灾稳定燃烧阶段

（二）灭火情况

现场作战指挥部及时调整力量部署，采取分割、围歼的战术方法，划分3个战斗段，如图7-52所示。

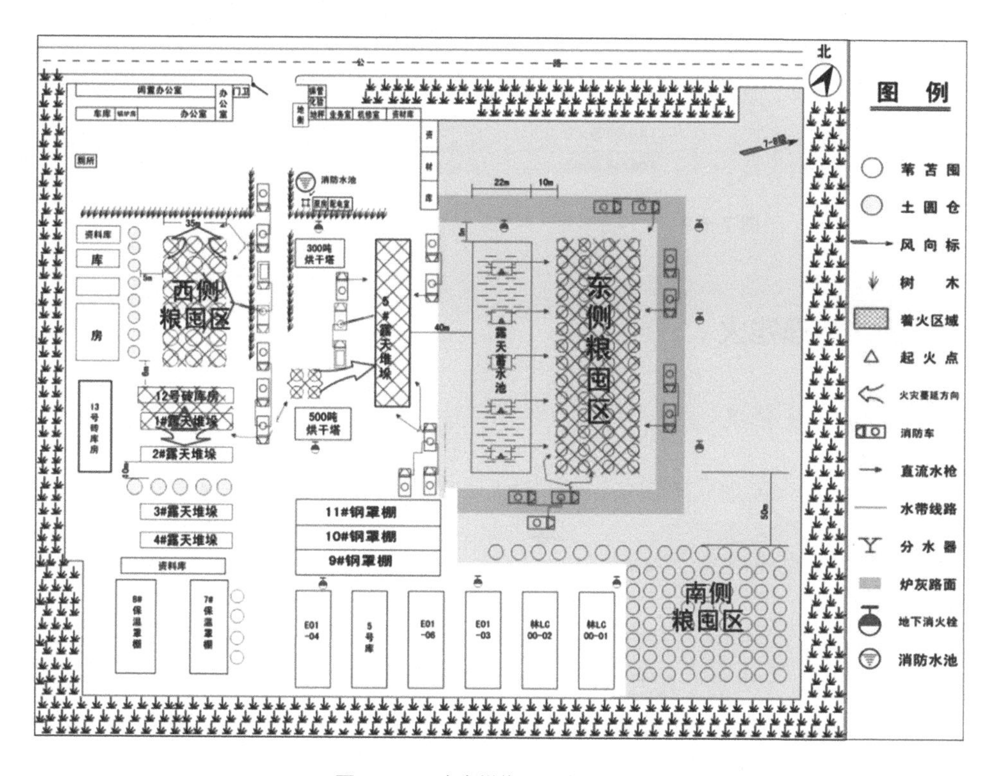

图 7-52 稳定燃烧阶段力量部署图

（三）大跨度举高消防车应用分析

应用大跨度举高喷射消防车实施总攻灭火，可以采取从着火区域南侧向北侧推进的方式。大跨度举高喷射消防车的大范围覆盖能力和精准打击，可以提高灭火效率，减小火场供水难度，降低火场经济损失。图7-53为建议的大跨度举高喷射消防车总攻灭火的力量部署图。

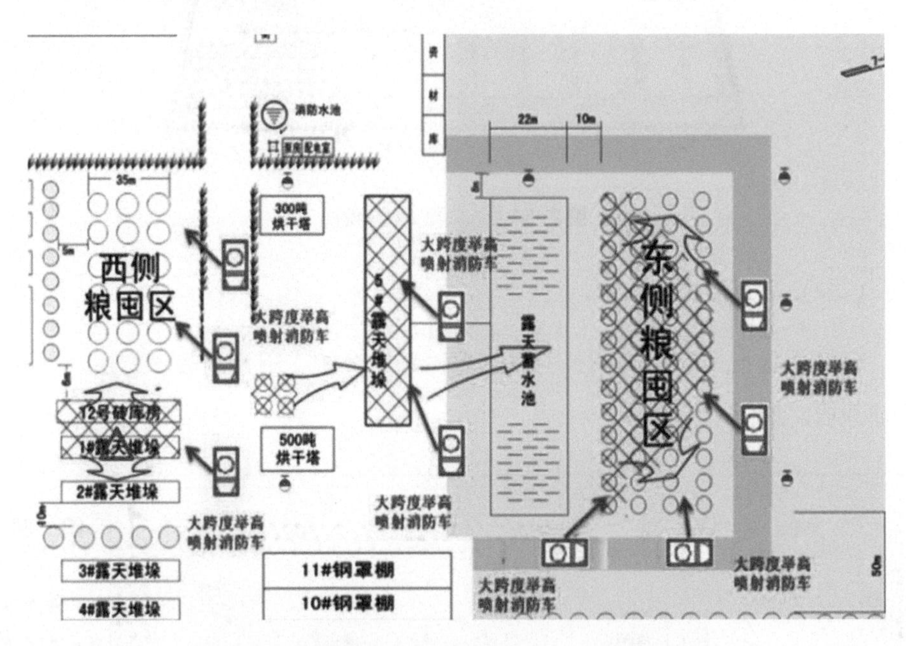

图7-53　大跨度举高喷射消防车总攻灭火的力量部署图

五、清理残火

（一）火灾情况

图7-54为火灾熄灭阶段情况。6月1日4时，现场火势被全部扑灭。

（二）灭火情况

政府调动3台铲车、150名民兵配合公安消防力量逐垛翻检清理残火，6月1日4时，现场火势被全部扑灭。为防止后期粮食倒运过程中隐蔽火源发生复燃，16辆消防车留守监护至6月5日8时。其间中储粮职工和武警、预备役官兵1000余人参加火场清理和粮食倒运。图7-55为现场清理残火的情况。

图 7-54 火灾熄灭阶段

图 7-55 火灾熄灭阶段清理残火

（三）大跨度举高消防车应用分析

利用大跨度举高喷射消防车的跨越能力，可以在残火清理阶段实施冷却保护，以及跨越和探伸后的精准灭火，减少经济损失，加快灭火进程，如图7-56所示。

图 7-56 大跨度举高喷射消防车精准打击残火

综上所述，在堆垛火灾扑救中，大跨度举高喷射消防车可以实施堵截火势、精准灭火和清理残火等战术。基于上述用法，充分体现了大跨度举高喷射消防车的技术优势，可在一定程度上解决堆垛火灾扑救的难点。另外，针对堆垛火灾扑救中的冷却、灭火的需求，进行了战斗编成的研究，并以山西某棉花堆垛火灾为例进行了示例说明。最后，针对某粮食堆垛火灾进行了复盘研究，并针对性地说明了大跨度举高喷射消防车可起到的关键作用。

参考文献

[1] 李永生. 举高喷射消防车在灭火应用中的问题[J]. 中国科技信息，2015（15）：143-144.

[2] 石鹏飞，陈明，胡亮. 大跨度举高喷射消防车设计研究[J]. 机械工程与自动化，2015（2）：110-112.

[3] 姚明，田志坚. 举高消防车介绍[J]. 商用汽车杂志，2005（7）：76-79.

[4] 徐国荣，石祥，李翔，等. 新型大跨度举高喷射消防车的关键技术[J]. 消防科学与技术，2017，36（10）：1412-1415.

[5] 杨素芳. 石油化工装置区火灾举高消防车的安全部署研究[J]. 中国安全生产科学技术，2015，11（10）：168-172.

[6] 张启军，张忠海，张宏. JP25举高喷射消防车[J]. 起重运输机械，2005（5）：39-41.

[7] 张进良. 国外消防车简介：举高消防车[J]消防技术与产品信息，2010（3）：80-85.

[8] 李进兴. 停车位置对云梯车救援作业的影响[J]. 消防科学与技术，2005，01：92-94.

[9] 段链. 浅谈举高消防车现状及发展趋势[J]. 专用器材，2021（08）：86-90.

[10] 张鲁君. 大跨度空间建筑火灾扑救难点及对策分析[J]. 科技咨询，2015（19）：145-146.

[11] 许家成. 高大空间建筑消防安全对策探讨[J]. 消防科学与技术，2013，32（12）：1364-1366.

[12] 何肇瑜. 大跨度仓库火灾的扑救[J]. 消防科学与技术，2010，29（8）：701-703.

[13] 严江海. 浅析大跨度大空间厂房火灾扑救工作[J]. 中外建筑，2015（8）：182-183.

[14] 董立新. 浅谈石油化工企业的安全形势、火灾特点和防范对策[J]. 内蒙古石油化工，2012（13）：82-84.

[15] 詹吉昌，蒲远祥，刘斌. 石油化工火灾扑救中的几个关键环节[J]. 消防技术与产品信息，2008（5）：51-53.

[16] 陈智慧. 消防技术装备[M]. 北京：机械工业出版社，2014.

[17] GB 50160—2008. 石油化工企业设计防火标准[S]. 2008.

[18] 孙沛. 液化石油气多火源火灾热辐射规律研究与应用[D]. 廊坊：武警学院，2013.

[19] 李元梅. 油罐池火灾热辐射通量及伤害作用研究[D]. 廊坊：武警学院，2011.

[20] 刘颜颜. 油罐火灾热辐射作用区确定方法[J]. 消防科学与技术，2011，30（5）：377-380.

[21] 魏东，葛晓霞，靳红雨，等. 消防水幕阻火隔热效果的理论与实验研究[J]. 热科学与技术，2009，8（2）：164-169.

[22] 刘美磊. 石油化工行业典型火灾事故数值模拟研究[D]. 东营：中国石油大学（华东），2021.

[23] 应急管理部消防救援局. 灭火救援典型战例汇编2008—2017[M]. 广州：中山大学出版社，2019.

[24] 公安部政治部. 灭火战术[M]. 北京：群众出版社，2004.

[25] 李建华，商靠定，等. 灭火战术[M]. 北京：中国人民公安大学出版社，2014.

[26] 商靠定，夏登友，贾定夺，等. 灭火救援指挥[M]. 北京：中国人民公安大学出版社，2015.

[27] 李建华. 灾害现场应急指挥决策[M]. 北京：中国人民公安大学出版社，2011.

[28] 商靠定，等. 灭火救援典型战例研究[M]. 北京：中国人民公安大学出版社，2012.

[29] 公安部消防局. 灭火救援装备手册（一、二分册）[M]. 北京：群众出版社，2014.